普通高等教育“十三五”规划教材

物理化学实验

Physical Chemistry Experiments

张 严 主编

吴燕红 岳丽君 夏淑华 编

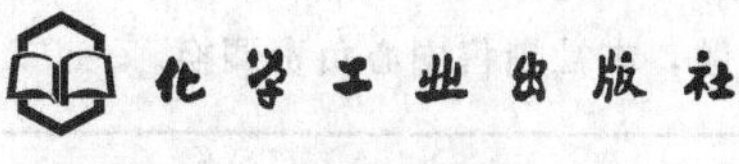

化学工业出版社

·北京·

内 容 简 介

《物理化学实验》结合少数民族学生基础相对薄弱的特点，在内容和形式上更加突出特色。本书分绪论、基础实验、拓展实验和附录四部分，基础实验包括热力学 4 个实验、电化学 2 个实验、反应动力学 3 个实验、表面化学和胶体化学 3 个实验、计算化学 2 个实验，扩展实验包括 2 个实验。实验技术和仪器使用部分附在每个实验项目的后面。在选择实验项目时尽量减少易制毒、易制爆药品的使用，增加有关计算化学实验项目，每个实验项目补充了“注解”内容，避免学生在实验中走“弯路”。

《物理化学实验》可用作综合性大学和民族院校化学、环境科学、制药工程等专业的教材，亦可供其他大专院校从事物理化学实验工作的有关人员参考。

图书在版编目（CIP）数据

物理化学实验/张严主编. —北京：化学工业出版社，2021.3（2024.8重印）

普通高等教育“十三五”规划教材

ISBN 978-7-122-38096-8

Ⅰ.①物… Ⅱ.①张… Ⅲ.①物理化学-化学实验-高等学校-教材 Ⅳ.①064-33

中国版本图书馆 CIP 数据核字（2020）第 244478 号

责任编辑：刘俊之　　文字编辑：刘志茹

责任校对：宋　玮　　装帧设计：韩　飞

出版发行：化学工业出版社（北京市东城区青年湖南街 13 号　邮政编码 100011）

印　　装：北京科印技术咨询服务有限公司数码印刷分部

787mm×1092mm　1/16　印张 7½　字数 159 千字　　2024 年 8 月北京第 1 版第 3 次印刷

购书咨询：010-64518888　　售后服务：010-64518899

网　　址：http://www.cip.com.cn

凡购买本书，如有缺损质量问题，本社销售中心负责调换。

定　　价：**29.00 元**

前言

为了适应当前物理化学教学改革和专业建设发展需要，根据《物理化学实验教学大纲》，本书在内容和形式上突出特色，遵循物理化学实验教学规律。内容包括绪论、基础实验、拓展实验和附录四部分，可用作综合性大学和民族院校化学、环境科学、制药工程等专业的教材，亦可供其他大专院校从事物理化学实验工作的有关人员参考。

近十余年，随着教学改革的深入，物理化学实验在教学内容、教学方法，特别在仪器设备上都有较大的发展和变化，所以，本书是我校生命与环境科学学院从事物理化学实验教学的同仁们结合学院专业多、少数民族学生基础相对薄弱的特点，经长期教学实践积累的成果，并吸收了兄弟院校的一些有益经验。本书的实验原理详实，实验步骤简练而要求严格，语言表述通俗易懂、难易得当、深入浅出，适合本科生使用。

内容上，首先，改进经典实验，尽量减少易制毒、易制爆药品的使用，做到安全、低毒、绿色、环境友好；其次，增加有关计算化学和反应动力学内容的实验项目；第三，本书突出特点是每个实验项目补充了“注解”内容，主要包括实验项目的扩展知识和实验操作中需注意的事项，以及由于错误操作而带来的不良结果，避免学生在实验中走“弯路”。

另外，为了提高学生实践应用能力，开阔学生视野，我们把部分科学研究内容转化融入到物理化学实验教学中，并结合民族元素，增加了拓展实验，让有余力的学生去选做。例如：开发了与少数民族药用植物的利用和开发有关的实验项目，增加学生学习兴趣，达到学以致用。

本书由张严教授撰写绪论、反应动力学 1 个实验、计算化学 1 个实验和 2 个拓展实验；吴燕红副教授撰写热力学 3 个实验、反应动力学 1 个实验、表面化学与胶体化学 1 个实验和装置图的绘制；岳丽君副教授撰写热力学 1 个实验、电化学 2 个实验、反应动力学 1 个实验、表面化学与胶体化学 2 个实验。夏淑华博士撰写计算化学 1 个实验和校对工作，全书由张严统稿。

总之，本书在内容和形式上有其特点和创新性。在使用上更适合于民族院校开设物理化学课程的本科教学。本书编者虽做了很大努力，但限于水平，书中难免有疏漏之处，敬请有关专家和广大读者批评指正，以便再版时得以更正。

张　严

2020 年 7 月于中央民族大学

目录

第三章 拓展实验 99

第四章 附录 106

参考文献 112

第一章 绪论

第一节 物理化学实验的目的与要求

实验教学在化学教育中有着非常重要的地位。化学教育不仅传授学生化学基本原理，而且培养学生掌握基本化学实验技能，以及通过观察实验现象、测量和综合分析实验数据，深入理解化学反应的本质和规律。

与无机化学实验、有机化学实验、分析化学实验一样，物理化学实验也是化学、制药工程和环境科学等专业的一门独立开设的基础实验课程，其主要目的是使学生初步了解物理化学的实验方法，掌握物理化学的基本实验技术和技能，学会一些重要物理化学性能的测定方法，熟悉物理化学实验现象的观察和记录、实验条件的判断和选择、实验数据的测量和处理、实验结果的分析和归纳等，从而加深对物理化学基本理论和概念的理解，增强应用物理化学实验技能解决实际问题的能力。

作为本科阶段的一门基础实验课程，物理化学实验在培养学生实事求是的科学态度、严谨细致的实验作风、熟练规范的实验操作、灵活创新的分析和解决问题的能力等方面，既和无机化学、分析化学、有机化学等实验课程具有相同的要求，又有自身的不同特点。物理化学实验大都涉及比较复杂的物理测量仪器，每种测量技术往往都是建立在一套完整的化学原理或理论的基础上。

因此，理论和实验的结合在物理化学实验教学过程中显得特别突出。如何更好地利用和发挥这一特点，使学生获得更大的收益，是我们一直在探索的问题。

物理化学实验课程由下列两个教学环节组成：

(1) 根据不同专业的要求，完成6～12个实验，包括基础实验和拓展实验两部分，既有经典实验，也有结合学生特点、教师科研成果而设置的实验。其中包含了热力学、电化学、反应动力学、表面化学和胶体化学、计算化学的基本原理、重要实验方法和技术。通过实验的具体操作，使学生在物理化学实验技能上得到全面的基础训练，并巩固对相应化学原理的认知。

(2) 对物理化学实验方法和实验技术进行较系统的讲授。讲授内容包括本实验课程的学习方法、安全防护、数据处理、报告书写、实验设计思想和具体实验仪器的正确操作等实验基本要求，这些内容穿插在实验教学中进行。

上述环节中，实验的操作训练是核心，讲解将围绕着实验操作展开。因此，在进行每一个具体实验时，要求做到下列几点：

1. 实验准备

实验前学生应事先认真阅读实验内容，了解实验目的与要求、基本原理、相关仪器的使用方法、实验步骤以及注解，并认真撰写预习报告。预习报告应包括实验目的与要求、简单的实验操作步骤、实验注意事项、实验记录（表格）等项。实验前指导教师应检查学生的预习报告，进行必要的提问，学生达到预习要求后才能进行实验。

2. 实验过程

学生进入实验室后应首先核对仪器和药品试剂，对不熟悉的仪器及设备，应仔细阅读说明书或每个实验后面的附录，请教指导教师。仪器安装完毕，需经指导教师检查，方能开始实验。

实验过程中，要求学生仔细观察实验现象，严格控制实验条件，如有更改意见，须与指导教师进行讨论，经指导教师同意后方可实行；公用仪器及试剂瓶不要随意变更原有位置，用完要立即放回原处；对实验中遇到的问题要独立思考，努力解决，确实困难者则请指导教师帮助解决；实验记录数据要详细准确，且注意整洁清楚，不得任意涂改，尽量采用表格形式，要养成良好的记录习惯。实验完毕后，将实验数据交指导教师检查，通过后清理实验台面，洗净并核对仪器，经教师同意后，才能离开实验室。总之，要求在整个实验过程中保持严谨求实的科学态度、团结互助的合作精神，积极主动地探求科学规律。

3. 实验报告

实验完成后，学生须在规定时间内独立完成实验报告。实验报告应包括：实验目的与要求、简明实验原理、实验仪器和实验条件、简要操作步骤与方法、数据记录与处理、结果讨论及思考题等。其中数据处理和结果讨论是实验报告的重要部分，讨论的内容主要包括实验时所观察到的重要现象、实验原理和操作、实验方法的设计、仪器条件的控制以及误差来源，也可以对实验提出进一步改进的意见。实验报告交由指导教师批阅。由于时间有限，原则上不允许实验失败的学生重做实验。

4. 实验室规则

实验过程中应严格遵守操作规程，遵守一切安全要求，保证实验安全有序进行。遵守纪律，不迟到，不早退。保持室内安静，不大声谈笑，不随意走动，不在实验室内饮水饮食、玩手机、嬉闹及恶作剧。使用水、电、气、药品试剂等都应本着节约原则。未经教师允许不得乱动精密仪器，使用时爱护仪器设备，如发现仪器损坏，应立即报告指导教师并追查原因。随时注意室内整洁卫生，纸张等废弃物只能丢入废物缸内，不能随地乱丢，更不能随意丢入水槽，以免堵塞。实验结束后，由同学轮流值日，负责打扫整理实验室，检查水、电、气、门窗是否关好，电闸是否拉掉，以保证实验室的安全。

综上所述，物理化学实验教学应向学生进行理论和实验辩证关系的教育，注重学生实验过程中的技能训练、实验后的数据处理以及结果分析的能力训练，使他们养成既重视理论又重视实验的科学作风，提高分析问题、解决问题的能力，为下一阶段有关实验课程的学习奠定基础。

第二节 物理化学实验的安全防护

化学是一门实验科学，实验室的安全非常重要，化学实验室常常潜藏着诸如发生爆炸、着火、中毒、灼伤、割伤、触电等事故的危险性，如何防止这些事故的发生以及万一发生又如何进行急救，这都是每一个化学实验工作者必须具备的素质。这些内容在先行的化学实验课中均已反复进行介绍。本节主要结合物理化学实验的特点着重介绍物理化学实验室里经常遇到高温、低温的实验条件，安全用电知识，使用高气压（各种高压气瓶）、低气压（各种真空系统）、高电压、高频和带有辐射（X射线、激光）的仪器时的注意事项，以及实验者必须具备的安全防护知识，应采取的预防措施和一旦事故发生后应及时采取的处理方法。

一、 安全用电

在物理化学实验室里，经常使用电学仪表、仪器，应用交流电源进行实验，因而介绍交流电源的基本常识非常重要，有利于学生安全用电。

1. 保险丝

在实验室中，经常使用220V、50Hz的交流电，有时也用到三相电。任何导线或电器设备都有规定的额定电流（即允许长期通过而不致过度发热的最大电流值），当负荷过大或发生短路时，通过电流超过了额定电流，则会发热过度，致使电器设备绝缘损坏和设备烧坏，甚至引起着火。为了安全用电，从外电路引入电源时，必须先经过可以承受一定电流的适当型号的保险丝。

保险丝是一种自动熔断器，串联在电路中，当通过电流过大时，发热过度则会熔断，自动切断电路，达到保护电线、电器设备的目的。普通保险丝是指铅（75%）、锡（25%）合金丝，其额定电流值列于表1-2-1。

表1-2-1 常用保险丝

线型号	直径/mm	额定电流值/A
22	0.71	3.3
21	0.82	4.1
20	0.92	4.8
18	1.22	7.0
16	1.63	11.0
15	1.83	13.0
14	2.03	15.0
12	2.65	22.0
10	3.26	30.0

保险丝应接在相线引入处，在接保险丝时应把电闸断开。更换保险丝时应换上同型号的，不能用型号比其小的代替（型号小的保险丝粗，额定电流值大），更不能用铜丝代替，否则就会失去保险丝的作用，容易造成严重事故。

2. 安全用电

人体通过50Hz、25mA以上的交流电时会发生呼吸困难，100mA以上则会致死。因此，安全用电非常重要，在实验室用电过程中必须严格遵守以下操作规程。

(1) 防止触电。

① 不能用潮湿的手接触电器。

② 所有电源的裸露部分都应有绝缘装置。

③ 已损坏的接头、插座、插头或绝缘不良的电线应及时更换。

④ 必须先接好线路再插上电源。实验结束时，必须先切断电源再拆线路。

⑤ 如遇人触电，应切断电源后再行处理。

(2) 防止着火。

① 生锈的仪器或接触不良处，应及时处理，以免产生电火花。

② 如遇电线着火，切勿用水或导电的酸碱泡沫灭火器灭火。应立即切断电源，用灭火沙或二氧化碳灭火器灭火。

(3) 防止短路。电路中各接点要牢固，电路元件二端接头不能直接接触，以免烧坏仪器或产生触电、着火等事故。

(4) 实验开始以前，应先由教师检查线路，经同意后，方可连接电源。

3. 触电事故的处理

(1) 当有人员触电时，应保持沉着冷静，遵循先断电后救人的原则。

(2) 应立即向指导老师汇报。

(3) 脱离电源后根据触电人员受伤程度采取相应的救治措施。若伤势较为严重，应拨打120急救电话。

二、使用受压容器的安全防护

物理化学实验室中受压容器主要指高压储气瓶、真空系统等。

高压储气瓶是由无缝碳素钢或合金钢制成。在使用高压气瓶时，要根据气瓶的颜色及标签确认所用气体的种类及压力。气瓶应妥善放置，有些气瓶应放置在室外，有些气瓶不能同室放置。气瓶应避免放置在高温或阳光直射的环境下。使用高压储气瓶中的气体时要使用与之匹配的减压阀，各种减压阀不能混用。注意气瓶开关和减压阀开关顺序。在移动气瓶时应拆除减压阀，装上瓶帽。为保证气体的纯度，当钢瓶内气体压力低于1.5～2倍大气压时，应及时更换钢瓶，不得继续使用。使用氧气时，严禁气瓶接触油脂，实验者的手、衣服、工具上也不得沾有油脂，避免高压氧气遇油脂燃烧。

在高压和真空系统中，应避免使用玻璃制的容器、阀门等，如必须使用时，在严格遵守耐压限度的情况下，还应加上防护罩，避免玻璃容器破裂时玻璃飞出。实验结束后，应先将实验体系连通大气，再关闭真空泵电源，以避免倒吸。

三、 实验者人身安全防护要点

（1）实验者到实验室进行实验前，应首先熟悉各项急救设备的使用方法，了解实验楼的楼梯和安全出口，实验室内的电源总开关、灭火器具和急救药品的位置，以便一旦发生事故能及时采取相应的防护措施。

（2）大多数化学药品都有不同程度的毒性，而且有许多化学药品的毒性是在很长时间以后才会显现出来。不要将使用少量、常量化学药品的实验经验，任意移用于大量化学药品的情况。更不应将常温、常压下的实验经验，简单套用于进行高温、高压、低温、低压的实验中。当进行有危险性的反应时，应使用防护装置，戴防护面罩和眼镜。

（3）实验时应尽量避免使用致癌化学物质，确实需要使用时应戴好防护手套，注意眼睛和呼吸道的防护，并尽可能在通风橱中操作。在不影响实验效果和实验结果的基础上，尽可能选用低毒或无毒的试剂替代毒性较大的试剂，例如，常用有机溶剂有苯、四氯化碳、氯仿、1,4-二氧六环等具有致癌性。实验时建议用甲苯代替苯，用二氯甲烷代替四氯化碳和氯仿，用四氢呋喃代替1,4-二氧六环。

（4）许多气体和空气的混合物存在爆炸组分界限，当混合物的组分介于爆炸高限与爆炸低限（以其体积分数表示，表1-2-2）之间时，只要有一适当的灼热源（如一个火花，一根高热金属丝）诱发，气体混合物便会瞬间发生爆炸。

因此，实验时应尽量避免能与空气形成爆鸣混合气的气体逸散到室内空气中，同时实验过程中应保持室内通风良好，以避免某些气体在室内积聚而形成爆鸣混合气。实验需要使用某些与空气混合有可能形成爆鸣气的气体时，应严禁明火和使用可能产生电火花的电器，禁穿鞋底上有铁钉的鞋子。

表1-2-2 与空气混合的某些气体的爆炸极限（20℃，$p^{\ominus}$）单位：%（体积分数）

气体	爆炸高限	爆炸低限	气体	爆炸高限	爆炸低限
氢	74.2	4.0	乙醇	19.0	3.2
一氧化碳	74.2	12.5	丙酮	12.8	2.6
煤气	74.0	35.0	乙醚	36.5	1.9
氨	27.0	15.5	乙烯	28.6	2.8
硫化氢	45.5	4.3	乙炔	80.0	2.5
甲醇	36.5	6.7	苯	6.8	1.4

（5）如实验中使用到易制毒化学品（最新易制毒化学品分类和品种目录见表1-2-3）和易制爆化学品（最新易制爆化学品名录见表1-2-4），应严格遵照相关规定进行采购、使用、储存、废弃物处理等全生命周期管理，不得私自购买。

表 1-2-3 易制毒化学品的分类和品种目录（2018 版）

分类	化学品	备注
第一类	1-苯基-2-丙酮；3,4-亚甲基二氧苯基-2-丙酮；胡椒醛；黄樟素；黄樟油；异黄樟素；N-乙酰邻氨基苯酸；邻氨基苯甲酸；麦角酸*；麦角胺*；麦角新碱*；麻黄素、伪麻黄素、消旋麻黄素、去甲麻黄素、甲基麻黄素、麻黄浸膏、麻黄浸膏粉等麻黄素类物质*；羟亚胺；1-苯基-2-溴-1-丙酮；3-氧-2-苯基丁腈；N-苯乙基-4-哌啶酮；4-苯氨基-N-苯乙基哌啶；N-甲基-1-苯基-1-氯-2-丙胺；邻氯苯基环戊酮	1. 可能存在的盐类也纳入管制； 2. 带有*标记化合物属药品类易制毒化学品，包括原料药及其单方制剂
第二类	苯乙酸；醋酸酐；三氯甲烷；乙醚；哌啶；1-苯基-1-丙酮；溴素	可能存在的盐类也纳入管制
第三类	甲苯；丙酮；甲基乙基酮；高锰酸钾；硫酸；盐酸	高锰酸钾同时也属于易制爆化学品

注：本目录由中华人民共和国国务院办公厅发布。

表 1-2-4 易制爆危险化学品名录（2017 版）

序号		品名	别名	CAS 号	主要的燃爆危险性分类
1. 酸类	1.1	硝酸		7697-37-2	氧化性液体，类别 3
	1.2	发烟硝酸		52583-42-3	氧化性液体，类别 1
	1.3	高氯酸（浓度＞72%）	过氯酸	7601-90-3	氧化性液体，类别 1
		高氯酸（浓度 50%～72%）			氧化性液体，类别 1
		高氯酸（浓度≤50%）			氧化性液体，类别 2
2. 硝酸盐类	2.1	硝酸钠		7631-99-4	氧化性固体，类别 3
	2.2	硝酸钾		7757-79-1	氧化性固体，类别 3
	2.3	硝酸铯		7789-18-6	氧化性固体，类别 3
	2.4	硝酸镁		10377-60-3	氧化性固体，类别 3
	2.5	硝酸钙		10124-37-5	氧化性固体，类别 3
	2.6	硝酸锶		10042-76-9	氧化性固体，类别 3
	2.7	硝酸钡		10022-31-8	氧化性固体，类别 2
	2.8	硝酸镍	二硝酸镍	13138-45-9	氧化性固体，类别 2
	2.9	硝酸银		7761-88-8	氧化性固体，类别 2
	2.10	硝酸锌		7779-88-6	氧化性固体，类别 2
	2.11	硝酸铅		10099-74-8	氧化性固体，类别 2
3. 氯酸盐类	3.1	氯酸钠		7775-09-9	氧化性固体，类别 1
		氯酸钠溶液			氧化性液体，类别 3
	3.2	氯酸钾		3811-04-9	氧化性固体，类别 1
		氯酸钾溶液			氧化性液体，类别 3
	3.3	氯酸铵		10192-29-7	爆炸物，不稳定爆炸物
4. 高氯酸盐类	4.1	高氯酸锂	过氯酸锂	7791-03-9	氧化性固体，类别 2
	4.2	高氯酸钠	过氯酸钠	7601-89-0	氧化性固体，类别 1
	4.3	高氯酸钾	过氯酸钾	7778-74-7	氧化性固体，类别 1
	4.4	高氯酸铵	过氯酸铵	7790-98-9	爆炸物，1.1 项；氧化性固体，类别 1

续表

序号		品名	别名	CAS号	主要的燃爆危险性分类
5. 重铬酸盐类	5.1	重铬酸锂		13843-81-7	氧化性固体,类别 2
	5.2	重铬酸钠	红矾钠	10588-01-9	氧化性固体,类别 2
	5.3	重铬酸钾	红矾钾	7778-50-9	氧化性固体,类别 2
	5.4	重铬酸铵	红矾铵	7789-09-5	氧化性固体,类别 2
6. 过氧化物和超氧化物类	6.1	过氧化氢溶液（含量>8%）	双氧水	7722-84-1	(1)含量≥60%,氧化性液体,类别 1; (2)20%≤含量<60%,氧化性液体,类别 2; (3)8%<含量<20%,氧化性液体,类别 3
	6.2	过氧化锂	二氧化锂	12031-80-0	氧化性固体,类别 2
	6.3	过氧化钠	双氧化钠;二氧化钠	1313-60-6	氧化性固体,类别 1
	6.4	过氧化钾	二氧化钾	17014-71-0	氧化性固体,类别 1
	6.5	过氧化镁	二氧化镁	1335-26-8	氧化性液体,类别 2
	6.6	过氧化钙	二氧化钙	1305-79-9	氧化性固体,类别 2
	6.7	过氧化锶	二氧化锶	1314-18-7	氧化性固体,类别 2
	6.8	过氧化钡	二氧化钡	1304-29-6	氧化性固体,类别 2
	6.9	过氧化锌	二氧化锌	1314-22-3	氧化性固体,类别 2
	6.10	过氧化脲	过氧化氢尿素;过氧化氢脲	124-43-6	氧化性固体,类别 3
	6.11	过乙酸(含量≤16%,含水≥39%,含乙酸≥15%,含过氧化氢≤24%,含有稳定剂)	过醋酸;过氧乙酸;乙酰过氧化氢	79-21-0	有机过氧化物,F 型
		过乙酸(含量≤43%,含水≥5%,含乙酸≥35%,含过氧化氢≤6%,含有稳定剂)			易燃液体,类别 3;有机过氧化物,D 型
	6.12	过氧化二异丙苯(52%<含量≤100%)	二枯基过氧化物;硫化剂 DCP	80-43-3	有机过氧化物,F 型
	6.13	过氧化氢苯甲酰	过苯甲酸	93-59-4	有机过氧化物,C 型
	6.14	超氧化钠		12034-12-7	氧化性固体,类别 1
	6.15	超氧化钾		12030-88-5	氧化性固体,类别 1

续表

序号		品名	别名	CAS号	主要的燃爆危险性分类
7. 易燃物还原剂类	7.1	锂	金属锂	7439-93-2	遇水放出易燃气体的物质和混合物,类别1
	7.2	钠	金属钠	7440-23-5	遇水放出易燃气体的物质和混合物,类别1
	7.3	钾	金属钾	7440-09-7	遇水放出易燃气体的物质和混合物,类别1
	7.4	镁		7439-95-4	(1)粉末:自热物质和混合物,类别1, 遇水放出易燃气体的物质和混合物,类别2; (2)丸状、旋屑或带状:易燃固体,类别2
	7.5	镁铝粉	镁铝合金粉		遇水放出易燃气体的物质和混合物,类别2; 自热物质和混合物,类别1
	7.6	铝粉		7429-90-5	(1)有涂层:易燃固体,类别1; (2)无涂层:遇水放出易燃气体的物质和混合物,类别2
	7.7	硅铝 硅铝粉		57485-31-1	遇水放出易燃气体的物质和混合物,类别3
	7.8	硫黄	硫	7704-34-9	易燃固体,类别2
	7.9	锌尘		7440-66-6	自热物质和混合物,类别1;遇水放出易燃气体的物质和混合物,类别1
		锌粉			自热物质和混合物,类别1;遇水放出易燃气体的物质和混合物,类别1
		锌灰			遇水放出易燃气体的物质和混合物,类别3
	7.10	金属锆		7440-67-7	易燃固体,类别2
		金属锆粉	锆粉		自燃固体,类别1;遇水放出易燃气体的物质和混合物,类别1
	7.11	六亚甲基四胺	六甲撑四胺; 乌洛托品	100-97-0	易燃固体,类别2
	7.12	1,2-乙二胺	1,2-二氨基乙烷; 乙撑二胺	107-15-3	易燃液体,类别3
	7.13	一甲胺(无水)	氨基甲烷;甲胺	74-89-5	易燃气体,类别1
		一甲胺溶液	氨基甲烷溶液; 甲胺溶液		易燃液体,类别1
	7.14	硼氢化锂	氢硼化锂	16949-15-8	遇水放出易燃气体的物质和混合物,类别1
	7.15	硼氢化钠	氢硼化钠	16940-66-2	遇水放出易燃气体的物质和混合物,类别1
	7.16	硼氢化钾	氢硼化钾	13762-51-1	遇水放出易燃气体的物质和混合物,类别1

续表

序号		品名	别名	CAS号	主要的燃爆危险性分类
8.硝基化合物类	8.1	硝基甲烷		75-52-5	易燃液体,类别3
	8.2	硝基乙烷		79-24-3	易燃液体,类别3
	8.3	2,4-二硝基甲苯		121-14-2	
	8.4	2,6-二硝基甲苯		606-20-2	
	8.5	1,5-二硝基萘		605-71-0	易燃固体,类别1
	8.6	1,8-二硝基萘		602-38-0	易燃固体,类别1
	8.7	二硝基苯酚(干的或含水<15%)		25550-58-7	爆炸物,1.1项
		二硝基苯酚溶液			
	8.8	2,4-二硝基苯酚(含水≥15%)	1-羟基-2,4-二硝基苯	51-28-5	易燃固体,类别1
	8.9	2,5-二硝基苯酚(含水≥15%)		329-71-5	易燃固体,类别1
	8.10	2,6-二硝基苯酚(含水≥15%)		573-56-8	易燃固体,类别1
	8.11	2,4-二硝基苯酚钠		1011-73-0	爆炸物,1.3项
9.其他	9.1	硝化纤维素[干的或含水(或乙醇)<25%]	硝化棉	9004-70-0	爆炸物,1.1项
		硝化纤维素(含氮≤12.6%,含乙醇≥25%)			易燃固体,类别1
		硝化纤维素(含氮≤12.6%)			易燃固体,类别1
		硝化纤维素(含水≥25%)			易燃固体,类别1
		硝化纤维素(含乙醇≥25%)			爆炸物,1.3项
		硝化纤维素(未改性的,或增塑的,含增塑剂<18%)			爆炸物,1.1项
		硝化纤维素溶液(含氮量≤12.6%,含硝化纤维素≤55%)	硝化棉溶液		易燃液体,类别2
	9.2	4,6-二硝基-2-氨基苯酚钠	苦氨酸钠	831-52-7	爆炸物,1.3项
	9.3	高锰酸钾	过锰酸钾;灰锰氧	7722-64-7	氧化性固体,类别2
	9.4	高锰酸钠	过锰酸钠	10101-50-5	氧化性固体,类别2
	9.5	硝酸胍	硝酸亚氨脲	506-93-4	氧化性固体,类别3
	9.6	水合肼	水合联氨	10217-52-4	
	9.7	2,2-双(羟甲基)-1,3-丙二醇	季戊四醇、四羟甲基甲烷	115-77-5	

注：本名录由中华人民共和国公安部编制发布，主要的燃爆危险性分类是根据《化学品分类和标签规范》等国家标准，对某种化学品燃烧爆炸危险性进行的分类。类别1、2、3的燃爆危险性顺次降低。

(6) 实验室废弃物尤其是实验室危险废弃物（包括废液、废固、空试剂瓶、破碎玻璃等）仍具有一定的反应性和危险性，因此不得按照生活垃圾进行处理，不得随意将实验废液倾倒入下水道。应分类收集，标识清楚，集中交由具有处理实验室危险废弃物资质的公司统一进行处理。

第三节　实验测量误差

实践证明，由于实验方法、所用的仪器设备、条件控制和实验者观察局限等因素影响，任何一种测量结果总是不可避免地会有一定的误差。为了得到合理的结果，要求实验工作者运用误差的概念，将所得的数据进行不确定度计算，正确表达测量结果的可靠程度，以及根据误差分析结果选择最合适的仪器，或对实验方法进行改进。下面介绍有关误差的一些基本概念。

一、 量的测量及测量中的误差

测定各种量的方法虽然很多，但从测量方式上来讲，一般可分为以下两类：直接测量和间接测量。

1. 直接测量与间接测量

可以直接读出所需结果的测量称为直接测量。如用天平称量物质的质量，用电位差计测定电池的电动势，用压力表测气压等。当通过被测的量直接与该量的度量比较而得出结论时，则该方法称为比较法。如用对消法测量电动势，利用电桥法测量电阻等。

如果所需结果是由数个测量值以公式计算而得，则这种测量称为间接测量。例如用黏度法测高聚物的摩尔质量，就是用乌氏黏度计测出纯溶剂和高聚物溶液的流经毛细管的时间，然后利用公式和作图求得摩尔质量。

在上述两类测量方法中，直接测量一般较为简单。但是，物理化学实验中的测量大多数属于间接测量。

2. 系统误差

系统误差是指在重复性测量条件下，无限多次测量同一量时，所得结果的平均值与被测量的真值之差。它的产生与下列因素有关：

(1) 使用的仪器装置不够精确，包括指示的数值不准确，如温度计、滴定管的刻度不准确；还有仪器系统本身失灵或不稳定，以及药品不纯等。

(2) 因为周围环境因素对测量的影响，而使测量产生误差。例如：温度、湿度、大气压、电场等。

(3) 实验方法本身的限制，即由于采用的测量原理或测量方法本身所产生的测量误差。如计算公式有某些假定及近似，反应没有完全进行到底，指示剂选择不当，等等。

(4) 实验者由于个人习惯所引起的主观误差。如使测量数据有习惯性地偏高或偏低，或者记录某一信号的时间总是滞后，等等。

系统误差产生的原因不能确切获知。它总是以同一符号出现，在相同条件下重复实验无法消除，但可以通过测量前对仪器进行校正或更换，选择合适的实验方法，修正计算公式和用标准样品校正实验者本身所引进的系统误差来降低系统误差。只有不同的实验者用不同的校正方法、不同的仪器所得数据相符合，才可认为系统误差基本消除。

3. 随机误差

(1) 误差和相对误差

在物理量的测定中，随机误差总是存在的。所以测得值 α 和真值 $\alpha_{真}$ 之间总有着一定的偏差 $\Delta\alpha$，这个偏差称为误差。

$$\Delta\alpha = \alpha - \alpha_{真} \tag{1-3-1}$$

误差和真值之比，称为相对误差，即：

$$相对误差 = \frac{误差}{真值} = \frac{\Delta\alpha}{\alpha_{真}} \times 100\% \tag{1-3-2}$$

误差的单位与被测量的单位相同，而相对误差无量纲，因此不同物理量的相对误差可以相互比较。误差的大小与被测量的大小无关，而相对误差则与被测量的大小及误差的值都有关，因此评定测定结果的准确度以相对误差更为合理。

例如测量 0.5m 的长度时所用的尺可以引入 ±0.0001m 的误差，平均相对误差为 $\frac{0.0001}{0.5} \times 100\% = 0.02\%$，但用同样的尺测量 0.01m 的长度时相对误差为 $\frac{0.0001}{0.01} \times 100\% = 1\%$，比前者大 50 倍。显然用这一尺子来测量 0.01m 长度是不够精密的。

由误差理论可知，进行无限次测量所得结果的算术平均值为真值。

$$\alpha_{真} = \lim_{n\to\infty} \frac{\sum_{i=1}^{n} \alpha_i}{n} \tag{1-3-3}$$

然而在大多数情况下，只是有限次的测量，故只能把有限次测量的算术平均值作为可靠值：

$$\overline{\alpha}_i = \frac{\sum_{i=1}^{n} \alpha_i}{n} \tag{1-3-4}$$

并把各次测量值与其算术平均值的差作为各次测量的误差。

$$\Delta\alpha_i = \alpha_i - \overline{\alpha}_i \tag{1-3-5}$$

又因各次测量误差的数值可正可负，对于整个测量来说不能由它来表达其特点，为此引入平均误差的概念：

$$\overline{\Delta\alpha}=\frac{|\Delta\alpha_1|+|\Delta\alpha_2|+|\Delta\alpha_3|+\cdots+|\Delta\alpha_n|}{n}=\frac{\sum_{i=1}^{n}|\alpha_i-\overline{\alpha_i}|}{n} \tag{1-3-6}$$

而平均相对误差为：

$$\frac{\overline{\Delta\alpha}}{\overline{\alpha_i}}=\frac{|\Delta\alpha_1|+|\Delta\alpha_2|+|\Delta\alpha_3|+\cdots+|\Delta\alpha_n|}{n\overline{\alpha_i}}\times100\% \tag{1-3-7}$$

(2) 随机误差的正态分布

随机误差是实验者不能预料的变量因素所引起的对测量结果的影响，它服从概率分布。如在同一条件下对同一物理量多次测量时，会发现数据的分布符合一般统计规律。这种规律可用图 1-3-1 曲线表示，该曲线称为误差的正态分布曲线。其函数形式为：

$$y=\frac{1}{\sqrt{2\pi}\sigma}\exp(-\frac{\alpha_i^2}{2\sigma^2}) \tag{1-3-8}$$

式中，σ 为无限多次测量所得的标准误差。

如图 1-3-1 所示，在一定测量条件下的有限次测量值中，误差的绝对值不会超过某一界限，用统计方法分析可以得出：误差在$\pm0.675\sigma$ 内出现的概率是 50%；误差在$\pm1\sigma$ 内出现的概率是 68.3%；误差在$\pm2\sigma$ 内出现的概率是 95.5%；误差在$\pm3\sigma$ 内出现的概率是 99.7%；误差超过$\pm3\sigma$ 所出现的概率仅为 0.3%。

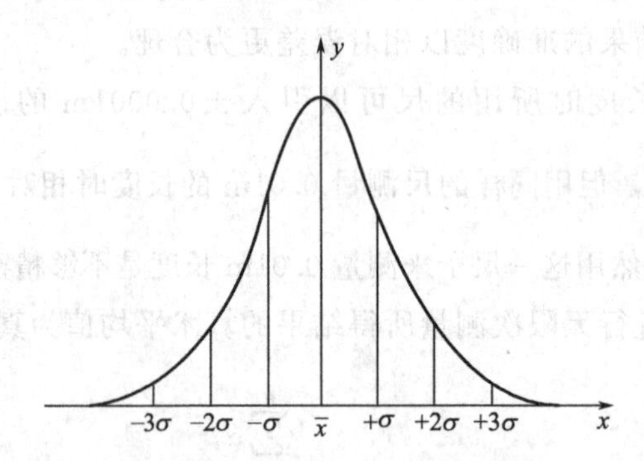

图 1-3-1　随机误差正态分布曲线

因此，测量结果的可靠性与测量次数有关，随测量次数的无限增多，随机误差的算术平均值将趋于零，使测量结果接近真值，即提高测量的精密度和再现性。

4. 过失误差

过失误差主要是由实验者的粗心、操作不规范所致。这类误差不属于测量误差的范畴，也无规律可循，只要实验者处处细心、规范操作就可以避免或者通过判断、剔除坏值来消除过失误差。

二、 准确度和精密度

准确度是指测量结果的正确性，即偏离真值的程度，准确的数据只有很小的系统误差。精密度是指测量结果的可重复性与所得数据的有效数字，精密度高指的是所得结果具有很小的随机误差。

按准确度的定义：

$$\frac{1}{n}\sum_{i=1}^{n}\mid \alpha_i - \alpha_{真} \mid \tag{1-3-9}$$

由于大多数物理化学实验中 $\alpha_{真}$ 是要求测定的结果，一般可近似用 α 的标准值 $\alpha_{标}$ 来代替 $\alpha_{真}$。所谓标准值是指用其他更为可靠的方法测出的值或载之文献的公认值。因此测量的准确度可近似为：

$$\frac{1}{n}\sum_{i=1}^{n}\left| \alpha_i - \alpha_{标} \right| \tag{1-3-10}$$

精密度是指各次测量值 α_i 与可靠值 $\overline{\alpha}_i$［见式（1-3-4）］的偏差程度，也就是指在 n 次测量中测得值之间相互偏离的程度。它可判断所做的实验是否精细（注意不是准确度），常用三种不同方式来表示：

（1）平均误差 $\Delta\overline{\alpha}$：

$$\Delta\overline{\alpha} = \frac{\sum_{i=1}^{n}\mid \alpha_i - \overline{\alpha}_i \mid}{n}$$

（2）标准误差 σ：

$$\sigma = \sqrt{\frac{\sum_{i=1}^{n}(\alpha_i - \overline{\alpha}_i)^2}{n-1}}$$

（3）或然误差 P： $P=0.6745\sigma$

以上三种均可用来表示测量的精密度，但数值上略有不同，它们的关系是：

$$P : \Delta\overline{\alpha} : \sigma = 0.657 : 0.794 : 1.00$$

在物理化学实验中通常是用平均误差或标准误差来表示测量精密度。平均误差的优点是计算方便，缺点是会掩盖质量不高的测量。标准误差是平方和的开方，能更明显地反映误差，在需要精密计算实验误差时最为常用。如甲、乙两人进行某实验，甲的两次测量误差为+1、−3，而乙为+2、−2。显然乙的实验精密度比甲高，但甲、乙的平均误差均为2，而其标准误差甲和乙各为$\sqrt{1^2+3^2}=\sqrt{10}$、$\sqrt{2^2+2^2}=\sqrt{8}$，由此可见用后者来反映误差比前者优越。

由于不能肯定 α_i 离 $\overline{\alpha}_i$ 是偏高还是偏低，所以测量结果常用 $\overline{\alpha}_i \pm \sigma$（或 $\overline{\alpha}_i \pm \Delta\overline{\alpha}$）来表示。$\sigma$（或 $\Delta\overline{\alpha}$）愈小则表示测量的精密度愈高。有时也用相对精密度 $\sigma_{相对}$ 来表示精密度。

$$\sigma_{相对} = \frac{\sigma}{\overline{\alpha}_i} \times 100\% \tag{1-3-11}$$

例如某实验中，压力测量的相关数据列于表1-3-1。

表 1-3-1 某实验压力测定结果（$n=5$）

i	p/Pa	Δp_i	$\lvert\Delta p_i\rvert$	$\lvert\Delta p_i\rvert^2$
1	98294	−4	4	16
2	98306	+8	8	64
3	98298	0	0	0
4	98301	+3	3	9
5	98291	−7	7	49
	$\sum 491490$	$\sum 0$	$\sum 22$	$\sum 138$

其算术平均值：

$$\overline{p_i}=\frac{1}{5}\sum_{i=1}^{5}p_i=98298\text{Pa}$$

平均误差：

$$\Delta\overline{p_i}=\pm\frac{1}{5}\sum_{i=1}^{5}\lvert\Delta p_i\rvert=\pm 4\text{Pa}$$

平均相对误差：

$$\frac{\Delta\overline{p_i}}{\overline{p_i}}=\pm\frac{4}{98298}\times 100\%=\pm 0.004\%$$

标准误差：

$$\sigma=\pm\sqrt{\frac{138}{5-1}}=\pm 6\text{Pa}$$

相对误差：

$$\frac{\sigma}{\overline{p_i}}=\frac{6}{98298}\times 100\%=0.006\%$$

故上述压力测量值的精密度为 98298Pa±6Pa（或 98298Pa±4Pa）。

从概率论可知大于 3σ 的误差出现的概率只有 0.3%，故通常把这一数值称为极限误差，即：

$$\delta_{\text{极限}}=3\sigma \tag{1-3-12}$$

如果个别测量的误差超过 3σ，则可认为是过失误差引起而将其舍弃。由于实际测量是为数不多的几次测量，概率论不适用，而个别失常测量对算术平均值影响很大，为避免这一失常的影响，有人提出一个简单判断法，即：

$$\alpha_i-\overline{\alpha_i}\geqslant 4\times\left(\frac{1}{n}\sum_{i=1}^{n}\lvert\alpha_i-\overline{\alpha_i}\rvert\right) \tag{1-3-13}$$

α_i 值为可疑值，则弃去。因为这种观察值存在的概率大约只有 0.1%。

举例说明测量中准确度和精密度的关系。例如，A、B、C、D 四人测量某一物理量，其结果如图 1-3-2 所示。

从图可以看出，A 系统误差大，随机误差小，精密度高，准确度低；B 系统误差和随机误差都大，精密度、准确度都低；C 系统误差和随机误差都小，精密度、准确度都高；D 系统误差小，随机误差大，精密度低，单次测量准确度低，多次测量平均值准确度高。

三、 怎样使测量结果达到足够的精密度

（1）消除或减小系统误差。产生系统误差的部分原因如前所述，故应寻找具体原因采取相应措施，加以消除。例如提高所用试剂的纯度、改进测量方法、选用合适的仪器、对

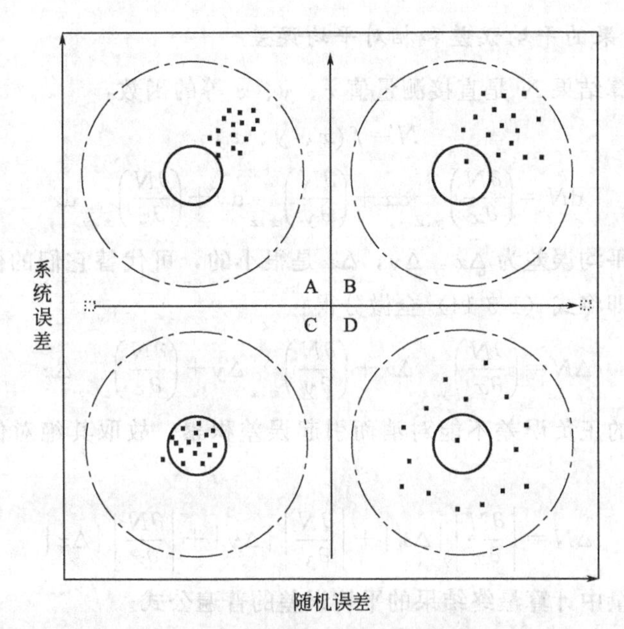

图 1-3-2 测量的准确度与精密度关系示意图

仪器进行校正等。必须按实验要求选用仪器的类型、规格等。

(2) 测定某物理量 α 时需在相同实验条件下连续重复测量多次，舍去因过失误差而造成的可疑值后，求出其算术平均值$\overline{\alpha}_i$和精密度（即平均误差）$\Delta\overline{\alpha}$。

(3) 将$\overline{\alpha}_i$与$\alpha_{标}$作比较，若两者差值$|\overline{\alpha}_i-\alpha_{标}|<\Delta\overline{\alpha}$（$\overline{\alpha}_i$ 是重复测量 15 次或更多时的平均值）或$|\overline{\alpha}_i-\alpha_{标}|<\sqrt{3}\times\Delta\overline{\alpha}$（$\overline{\alpha}_i$ 是重复 5 次的平均值），测量结果就是比较准确的。若$|\overline{\alpha}_i-\alpha_{标}|>\Delta\overline{\alpha}$（或$>\sqrt{3}\times\Delta\overline{\alpha}$），则说明在实验中有因实验条件不当、实验方法或计算公式等导致的系统误差存在。于是需进一步探索，用改变实验条件、方法或计算公式来寻找误差原因，直至使$|\overline{\alpha}_i-\alpha_{标}|\leqslant\Delta\overline{\alpha}$（或$\leqslant\sqrt{3}\times\Delta\overline{\alpha}$）。如不能达到，同时又能用其他方法证明不存在测定条件、方法或公式等方面的系统误差，则可能是标准值本身存在着误差，需重新确定标准值。

(4) 仪器精密度。在计算测量误差时，仪器的精密度不能劣于实验要求的精度，但也不必过分优于实验要求的精度，可根据仪器的规格来估算测量误差值。例如 1/10 的水银温度计 $\Delta\overline{\alpha}=\pm0.02$℃；贝克曼温度计 $\Delta\overline{\alpha}=\pm0.002$℃；100mL 容量瓶 $\Delta\overline{\alpha}=\pm0.1$mL。

四、 间接测量结果的误差计算

间接测量中，每一步的测量误差对最终测量结果都会产生影响，这称为误差的传递。如果事先预定最后结果的误差限度，即每一步直接测量值可允许的最大误差是多少，则可由此决定如何选择适当精密度的测量工具。仪器的精密程度会影响最后的结果，但如果盲目地使用精密仪器，不考虑相对误差，不考虑仪器的相互配合，非但丝毫不能提高结果的准确度，反而枉费精力并造成仪器、药品的浪费。

1. 间接测量结果的平均误差和相对平均误差

设实验最后计算结果 N 是直接测量值 x、y、z 等的函数：

$$N=f(x、y、z)$$

全微分：
$$\mathrm{d}N=\left(\frac{\partial N}{\partial x}\right)_{y,z}\mathrm{d}x+\left(\frac{\partial N}{\partial y}\right)_{x,z}\mathrm{d}y+\left(\frac{\partial N}{\partial z}\right)_{x,y}\mathrm{d}z \tag{1-3-14}$$

若各自变量的平均误差为 Δx，Δy，Δz 是很小的，可代替它们的微分。用 ΔN 表示误差的综合结果，即将式（1-3-14）全微分得：

$$\Delta N=\left(\frac{\partial N}{\partial x}\right)_{y,z}\Delta x+\left(\frac{\partial N}{\partial y}\right)_{x,z}\Delta y+\left(\frac{\partial N}{\partial z}\right)_{x,y}\Delta z \tag{1-3-15}$$

由于直接测量的正负误差不能对消而引起误差积累，故取其绝对值，则式（1-3-15）可改写为：

$$\Delta N=\left|\frac{\partial N}{\partial x}\right||\Delta x|+\left|\frac{\partial N}{\partial y}\right||\Delta y|+\left|\frac{\partial N}{\partial z}\right||\Delta z| \tag{1-3-16}$$

这就是间接测量中计算最终结果的平均误差的普遍公式。

在计算最后结果时，常用相对平均误差（$\Delta N/N$）衡量其准确度。相对平均误差的普遍公式为：

$$\begin{aligned}\frac{\Delta N}{N}&=\frac{1}{f(x,y,z)}\left|\frac{\partial N}{\partial x}\right||\Delta x|+\left|\frac{\partial N}{\partial y}\right||\Delta y|+\left|\frac{\partial N}{\partial z}\right||\Delta z|\\&=\frac{1}{N}\left|\frac{\partial N}{\partial x}\right||\Delta x|+\left|\frac{\partial N}{\partial y}\right||\Delta y|+\left|\frac{\partial N}{\partial z}\right||\Delta z|\end{aligned} \tag{1-3-17}$$

上式即为间接测量中计算最终结果的相对平均误差的普遍公式。

2. 间接测量结果的标准误差

设 $N=f(x、y、z)$，若 σ_x、σ_y、σ_z 分别为各直接测量值 x、y、z 的标准误差，则函数 N 最后结果的标准误差为

$$\sigma_N=\sqrt{\left(\frac{\partial N}{\partial x}\right)_{y,z}^2\sigma_x^2+\left(\frac{\partial N}{\partial y}\right)_{x,z}^2\sigma_y^2+\left(\frac{\partial N}{\partial z}\right)_{x,y}^2\sigma_z^2} \tag{1-3-18}$$

此式是计算最终结果的标准误差的普遍公式。

如　以苯为溶剂，用凝固点降低法测定萘的摩尔质量，按下式计算：

$$M=K_\mathrm{f}\frac{m(\mathrm{B})}{m(\mathrm{A})\Delta T}=K_\mathrm{f}\frac{m(\mathrm{B})}{m(\mathrm{A})(T_0-T)}$$

凝固点降低常数：$K_\mathrm{f}=5.12℃\cdot\mathrm{kg}\cdot\mathrm{mol}^{-1}$

溶质质量：$m(\mathrm{B})=(0.1472\pm0.0002)\mathrm{g}$

溶剂质量：$m(\mathrm{A})=(20.0\pm0.05)\mathrm{g}$

苯的密度：$\rho=0.879\mathrm{g}\cdot\mathrm{cm}^{-3}$

纯苯的凝固点：$T_{0,1}=2.801$，$T_{0,2}=2.790$，$T_{0,3}=2.802$

溶液的凝固点：$T_1=2.500$，$T_2=2.504$，$T_3=2.495$

用数字贝克曼温度计测量凝固点，其精密度为 0.002℃。

(1) 计算相对平均误差：

$$\frac{\Delta M}{M}=\pm\left(\frac{\Delta m_B}{m_B}+\frac{\Delta m_A}{m_A}+\frac{\Delta T_0+\Delta T}{T_0-T}\right)=\pm\left[\frac{\Delta m_B}{m_B}+\frac{\Delta m_A}{m_A}+\frac{\Delta(\Delta T)}{\Delta T}\right]$$

$$\overline{T_0}=\frac{2.801+2.790+2.802}{3}=2.798$$

$\Delta T_{0.1}=|2.801-2.798|=0.003$，$\Delta T_{0.2}=|2.790-2.798|=0.008$，$\Delta T_{0.3}=|2.802-2.798|=0.004$

平均误差：$\overline{\Delta T_0}=\frac{0.003+0.008+0.004}{3}=0.005$

同理：$\overline{T}=2.500$，$\overline{\Delta T}=0.003$

所以：$\Delta T=T_0-T=(2.798\pm0.005)-(2.500\pm0.003)=0.298\pm0.008$

$\frac{\Delta(\Delta T)}{\Delta T}=\frac{0.008}{0.298}=2.7\times10^{-2}$，$\frac{\Delta m_A}{m_A}=\frac{0.05}{20.00}=2.5\times10^{-3}$，$\frac{\Delta m_B}{m_B}=\frac{0.0002}{0.1472}=1.36\times10^{-3}$

相对平均误差：$\frac{\Delta M}{M}=\pm(1.36\times10^{-3}+2.5\times10^{-3}+2.7\times10^{-2})=\pm0.031$

萘的摩尔质量：$M=\frac{1000\times0.1472\times5.12}{20.0\times0.298}=126\ (\text{g}\cdot\text{mol}^{-1})$

$$\Delta M=126\times(\pm0.031)=\pm3.9\ (\text{g}\cdot\text{mol}^{-1})$$

最终结果为：$M=126\text{g}\cdot\text{mol}^{-1}$，与文献值 $128.11\text{g}\cdot\text{mol}^{-1}$ 比较，可认为该实验存在系统误差。

(2) 计算相对标准误差：

$$\frac{\sigma}{M}=\frac{1}{M}\sqrt{\left(\frac{\partial M}{\partial m_A}\right)^2\sigma_{m_A}^2+\left(\frac{\partial M}{\partial m_B}\right)^2\sigma_{m_B}^2+\left(\frac{\partial M}{\partial \Delta T}\right)^2\sigma_{\Delta T}^2}$$

计算时需先求出各直接测量值的标准偏差 σ_{m_A}、σ_{m_B}、$\sigma_{\Delta T}$ 及 $M=\frac{K_f m_B}{m_A\Delta T}$，并求 M 对各直接测量值的偏导 $\frac{\partial M}{\partial m_A}$、$\frac{\partial M}{\partial m_B}$、$\frac{\partial M}{\partial \Delta T}$。

$$\sigma_{T_0}=\pm\sqrt{\frac{0.003^2+0.008^2+0.004^2}{2}}=\pm0.0067$$

$$\sigma_T=\pm\sqrt{\frac{0.000^2+0.004^2+0.005^2}{2}}=\pm0.0045,\Delta T=0.298$$

$$\sigma_{\Delta T}=\pm\sqrt{\sigma_{T_0}^2+\sigma_T^2}=\pm\sqrt{0.0067^2+0.0045^2}=\pm0.008$$

估算 m_A 的标准误差：$\sigma_{m_A}=c_n|(\Delta x)_{\max}|=1.25\times0.05=0.06$

估算 m_B 的标准误差：$\sigma_{m_B}=c_n|(\Delta x)_{\max}|=1.25\times0.0002=0.0003$

$$\frac{\partial M}{\partial m_A}=\frac{K_f m_B}{\Delta T}\left(-\frac{1}{m_A^2}\right)=-\frac{M}{m_A}$$

$$\frac{\partial M}{\partial m_B}=\frac{K_f m_B}{m_A\Delta T}\times\frac{1}{m_B}=\frac{M}{m_B}$$

$$\frac{\partial M}{\partial \Delta T}=\frac{K_f m_B}{m_A}\left(-\frac{1}{\Delta T^2}\right)=-\frac{M}{\Delta T}$$

$$\sigma_M=\sqrt{\left(\frac{\partial M}{\partial m_A}\right)^2\sigma_{m_A}^2+\left(\frac{\partial M}{\partial m_B}\right)^2\sigma_{m_B}^2+\left(\frac{\partial M}{\partial \Delta T}\right)^2\sigma_{\Delta T}^2}$$

$$=M\sqrt{\left(\frac{\sigma_{m_A}}{m_A}\right)^2+\left(\frac{\sigma_{m_B}}{m_B}\right)^2+\left(\frac{\sigma_{\Delta T}}{\Delta T}\right)^2}$$

$$\frac{\sigma}{M}=\pm\sqrt{\left(\frac{0.06}{20.00}\right)^2+\left(\frac{0.0003}{0.1472}\right)^2+\left(\frac{0.008}{0.298}\right)^2}=\pm 0.03$$

第四节　实验数据表示法

数据是表达实验结果的重要方式之一。因此，要求实验者正确地记录测量数据，并加以整理、归纳和处理。实验数据的表达主要有三种方法：列表法、图解法和数学方程式法。

一、 列表法

在物理化学实验中，物理量至少包括两个变量：自变量和因变量。列表法是将一组实验数据中的自变量和因变量的各个数值按一定形式一一对应列成表格，有利于分析和阐明某些实验结果的规律性，对实验结果可获得相互比较的一种数据表达方法。使用列表法注意事项如下：

(1) 列表通常使用三线表。

(2) 每一个表开头都应注明表格名称及简要说明。

(3) 在表的每一行或每一列应正确写明物理量的名称和单位，正确表示是 $N/[N]$，即量的符号 N 除以其单位的符号 $[N]$。例如：物质的量以摩尔为单位 n/mol；另外，有时是这些纯数的数学函数，如 ln $[c/(\text{mol}\cdot\text{dm}^{-3})]$。

(4) 为使表中的数据简明直观，应将物理量的位数放在表头注明，同时，所有数值的填写都必须遵守有效数字规则。

(5) 原始数据可与处理的结果并列在一张表中，必要时应在表的下面注明数据的处理方法或数据的来源。

例如：CO_2 的平衡性质，参见表 1-4-1。

表 1-4-1　CO_2 的平衡性质

t/℃	T/K	$T^{-1}/10^3\text{K}^{-1}$	p/MPa	ln(p/MPa)	$V_m^g/\text{cm}^3\cdot\text{mol}^{-1}$	pV_m^g/RT
−56.60	216.55	4.6179	0.5180	−0.6578	3177.6	0.9142
0.00	273.15	3.6610	3.4853	1.2486	456.97	0.7013
31.04	304.19	3.2874	7.3820	1.9990	94.060	0.2745

二、 图解法

实验数据用图形表示，如用线段的长度、面积等将实验数据表示出来。其优点是能直观、简明地表达实验所测各数据间的相互关系，便于比较，且易显示出数据中的最高点、最低点、转折点、周期性以及其他奇异性。此外，如图形作得足够准确，则不必知道变量间的数学关系式，便可对变量求微分或积分（作切线、求面积）等，对数据直接进行处理。

1. 图解法用途

（1）表示变量间的定量依赖关系，如热电偶的工作曲线、校正曲线等。

（2）求内插值。由实验数据作出函数间的相互关系曲线，然后从曲线中找出与某函数相应的物理量的值。

（3）用外推法求值。测量数据间的线性关系可外推到测量范围之外，求某一函数的极限值。但只有在充分确信外推所得结果可靠时，外推法才有实际价值。

（4）求函数的微商（图解微分法），在所得曲线上选定某点，作出切线，计算斜率，即得该点微商值。

（5）求函数的积分值（图解积分法），曲线下的面积即为函数积分值。

（6）求函数的极值或转折点，如二元恒沸混合物的最高（或最低）恒沸点及其组成的测定、固态二元相图中相变点的确定等。

（7）求经验方程式。预测函数关系并作图，变换变量，使图形直线化，得线性关系 $y=mx+b$，得到直线的斜率 m 和截距 b 后，再推导出原来的函数解析式。

2. 作图一般步骤及规则

（1）常用直角坐标，另外还有单对数和双对数坐标。选用什么形式的坐标，其原则是以能获得线性图形为佳。一般自变量为横坐标，因变量为纵坐标。坐标轴应能表示出全部有效数字，使图上读出的各物理量的精确度与测量的精确度一致。不一定将坐标的原点作为变量的零点，要充分利用图纸的全部面积，使全图布局匀称合理。如直线和近于直线的曲线，应安置在图纸的对角线附近。

（2）要在坐标轴旁注明该轴变量的名称及单位，因轴上表示的是纯数，因此量的名称（或符号）应被其单位除。如纵坐标变量名称是压强，符号为 p，其单位为 Pa，则标为 p/Pa。如图 1-4-1。

（3）作代表点：将所测数据的各点绘于图上。如纵轴与横轴上测量值的精确度相近，可用⊙表示，圆心小点表示测得数据的正确值，圆的半径表示精确度值。若在同一图上表示多组不同测量值，注意用不同符号进行区别，并在图上注明。如纵轴与横轴精确度相差较大，则代表点需用矩形符号（⊡）来表示。矩形的中心是数据正确值，矩形各边长度的一半表示二变量各自的精确度值。

（4）作曲线：图上画好代表点后，按代表点分布情况，用曲线板或曲线尺作一光滑、

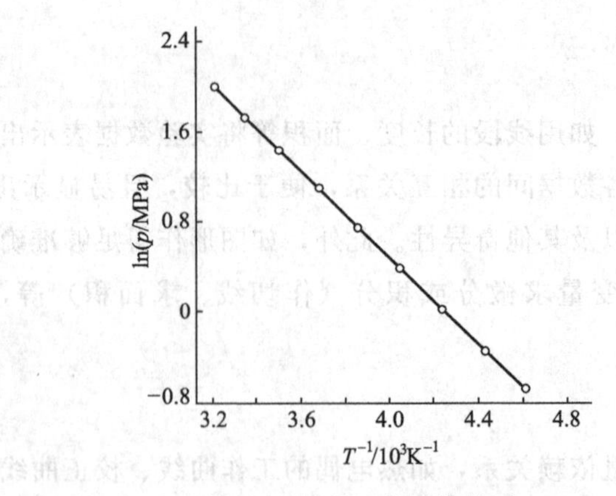

图 1-4-1 CO_2 的平衡性质

ln（p/MPa）与 $1/T$ 的关系图

均匀、细而清晰的曲线。不一定要求曲线全部通过各点，要使各点均匀地分布在曲线两侧附近，同时距离曲线距离的平方和为最小，这就是最小二乘法原理。

（5）作切线：在曲线上作切线通常使用镜像法和平行线法。

① 镜像法：如图 1-4-2 所示，作曲线上某一点的切线，使用一块平面镜，垂直放在图纸上，使镜子的边缘与曲线相交于该指定点。以此点为轴旋转平面镜，使图上曲线与镜中曲线的影像连成光滑的曲线，镜面边缘直线即为该点的法线，再作此法线的垂直线，即为该点的切线。

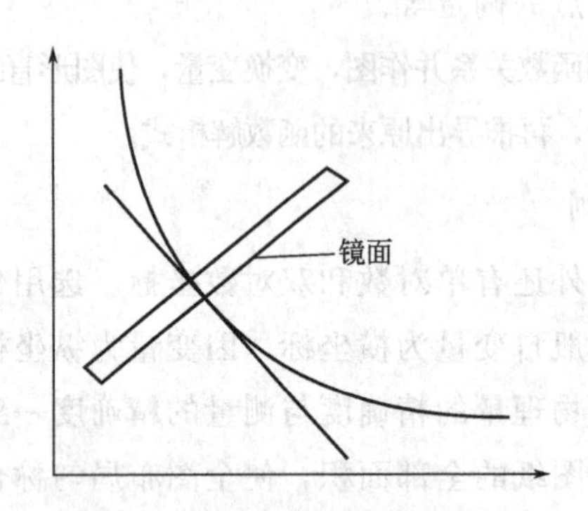

图 1-4-2 镜像法作切线

② 平行线法：如图 1-4-3 所示，在选择的曲线段上作两平行线 AB、CD，作两线段中点的连线交曲线于 O 点，经 O 点作 AB 及 CD 的平行线，即为 O 点的切线。

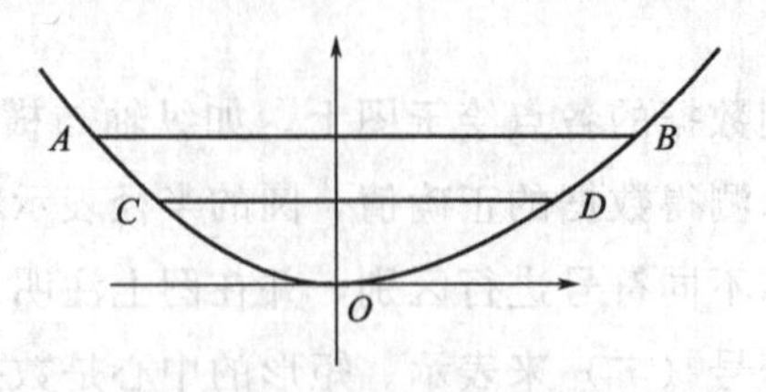

图 1-4-3 平行线法作切线

另外，写图名与说明：曲线画好后，写上清楚、完整的图名，说明主要的测量条件

（如温度、压力）及实验日期。

三、数学方程式法

当一组实验数据用列表法或图解法表示后，常需要进一步用一个方程或经验公式将变量关系表示出来，即数学方程式法是将所测变量间的关系用数学方程式表达出来。这种方法不仅在形式上较前两种方法更为简明清晰，而且便于进行微分、积分、内插、外推等运算。在许多场合，所测变量间的依赖关系已经知道，即已知其数学方程式。例如：在研究液体的蒸气压与温度的关系时，就有已知的克劳修斯-克拉佩龙（Clausius-Clapeyron）方程 $\ln p = m\dfrac{1}{T} + b$ 可以应用，即由实验数据可求方程式中的系数 m，其中 $m = -\dfrac{\Delta_{\text{vap}}H_{\text{m}}}{R}$ 由此可求出摩尔汽化焓 $\Delta_{\text{vap}}H_{\text{m}}$。

当所测各变量间的依赖关系未知时，人们常需要寻求一个最佳方程以拟合实验获得的数据，包括数学方程式的拟合和方程式中常数的确定。

1. 拟合未知的数学方程式的步骤：

（1）找出自变量、因变量后作图，绘出曲线。

（2）将所得曲线形状与已知函数的曲线形状比较。

（3）适当改换变量，重新作图，使原曲线线性化。

（4）计算线性方程的常数。

（5）如曲线无法线性化，可将原函数表示成自变量的多项式：$y = a + bx + cx^2 + dx^3 + \cdots$，多项式项数的多少以结果在实验误差范围内为准。

总之，因为直线方程最易直接检验，所以在情况允许的条件下，尽量采用直线方程式。通常根据数据的曲线图形，就可提出适当的函数式来作尝试，再把函数关系式变成直线方程式，以便求得方程式中的常数。表 1-4-2 中列出某些比较重要的函数关系式及其线性关系。

表 1-4-2 重要方程的线性式

方程	线性式	线性式坐标轴		斜率	截距
		横坐标	纵坐标		
$y = ae^{bx}$	$\ln y = \ln a + bx$	x	$\ln y$	b	$\ln a$
$y = ab^x$	$\lg y = \lg a + x\lg b$	x	$\lg y$	$\lg b$	$\lg a$
$y = ax^b$	$\lg y = \lg a + b\lg x$	$\lg x$	$\lg y$	b	$\lg a$
$y = a + bx^2$	—	x^2	y	b	a
$y = a\lg x + b$	—	$\lg x$	y	a	b
$y = \dfrac{a}{b+x}$	$\dfrac{1}{y} = \dfrac{b}{a} + \dfrac{x}{a}$	x	$\dfrac{1}{y}$	$\dfrac{1}{a}$	$\dfrac{b}{a}$
$y = \dfrac{ax}{1+bx}$	$\dfrac{1}{x} = \dfrac{a}{y} - b$	$\dfrac{1}{y}$	$\dfrac{1}{x}$	a	$-b$
	$\dfrac{1}{y} = \dfrac{1}{ax} + \dfrac{b}{a}$	$\dfrac{1}{x}$	$\dfrac{1}{y}$	$\dfrac{1}{a}$	$\dfrac{b}{a}$

对于没法确定线性关系的需要采用其他一些专门的方法。

2. 方程式中常数的确定

拟合实验数据的方程式中常数的求法很多，使用较多的是直线图解法、平均法和最小二乘法。

(1) 直线图解法

对于自变量和因变量符合直线关系，或它们的函数关系如表 1-4-2 所列的那样，可变为直线方程的情况时可以用此方法。即根据直线的斜率和截距求常数，或者在直线上任选两点坐标代入直线方程，通过求解方程组可得所需常数。

(2) 平均法

设线性方程为 $y=mx+b$，现要确定 m 和 b。设实验测得 n 组数据 (x_1,y_1)，(x_2,y_2)，(x_3,y_3)，…，(x_n,y_n)，代入线性方程得方程组：

$$
\begin{gathered}
y_1=mx_1+b \\
y_2=mx_2+b \\
\vdots \\
y_n=mx_n+b
\end{gathered}
$$

因各测定值有偏差，残差定义为：$d_i=mx_i+b-y_i$。

平均法认为正确的 m 和 b 值应该使残差之和为零，即：

$$\sum_{i=1}^{n} d_i=m\sum_{i=1}^{n} x_i+nb-\sum_{i=1}^{n} y_i=0 \tag{1-4-1}$$

计算时把数据分为数量相等的两套，每套为 k 组（k 为 $n/2$），分别应用平均法原理得：

$$\sum_{i=1}^{k} d_i=m\sum_{i=1}^{k} x_i+kb-\sum_{i=1}^{k} y_i=0 \tag{1-4-2}$$

$$\sum_{i=k+1}^{k} d_i=m\sum_{i=k+1}^{k} x_i+(n-k)b-\sum_{i=k+1}^{k} y_i=0 \tag{1-4-3}$$

联立求解可求得 m、b。

(3) 最小二乘法

最小二乘法基本原理是假定残差 d_i 平方和为极小值，即所有数据点与计算得到的直线之间偏差的平方和为最小。设残差平方和为 S，则有：

$$
\begin{aligned}
S&=\sum_{i=1}^{n}(mx_i+b-y_i)^2 \\
&=m^2\sum_{i=1}^{n} x_i{}^2+2bm\sum_{i=1}^{n} x_i-2m\sum_{i=1}^{n} x_i y_i+nb^2-2b\sum_{i=1}^{n} y_i+\sum_{i=1}^{n} y_i^2
\end{aligned} \tag{1-4-4}
$$

使 S 为极小值的必要条件为：

$$\frac{\partial S}{\partial m}=2m\sum_{i=1}^{n} x_i{}^2+2b\sum_{i=1}^{n} x_i-2\sum_{i=1}^{n} x_i y_i=0 \tag{1-4-5}$$

$$\frac{\partial S}{\partial b}=2m\sum_{i=1}^{n} x_i+2bn-2\sum_{i=1}^{n} y_i=0 \tag{1-4-6}$$

由上两式可解出 m、b 分别为：

$$m=\frac{n\sum_{i=1}^{n}x_iy_i-\sum_{i=1}^{n}x_i\sum_{i=1}^{n}y_i}{n\sum_{i=1}^{n}x_i^2-\left(\sum_{i=1}^{n}x_i\right)^2} \tag{1-4-7}$$

$$b=\frac{\sum_{i=1}^{n}x_i{}^2\sum_{i=1}^{n}y_i-\sum_{i=1}^{n}x_i\sum_{i=1}^{n}x_iy_i}{n\sum_{i=1}^{n}x_i{}^2-\left(\sum_{i=1}^{n}x_i\right)^2} \tag{1-4-8}$$

$$r=\frac{\sum_{i=1}^{n}x_iy_i-\frac{1}{n}\left(\sum_{i=1}^{n}x_i\right)\left(\sum_{i=1}^{n}y_i\right)}{\sqrt{\left\{\sum_{i=1}^{n}x_i^2-\frac{1}{n}\left(\sum_{i=1}^{n}x_i\right)^2\right\}\left\{\sum_{i=1}^{n}y_i^2-\frac{1}{n}\left(\sum_{i=1}^{n}y_i\right)^2\right\}}} \tag{1-4-9}$$

相关系数 r 反映了变量 x 与 y 之间的线性关系的密切程度，显然 $|r|\leqslant 1$。当 $|r|=1$ 时，称为完全线性相关；当 $|r|=0$ 时，称为完全无线性相关。

该计算方法可靠，但计算过程繁琐。现在作图和计算都采用计算机进行，能十分方便又准确地求得 m、b 及相关系数 r。

第五节　物理化学实验中的量和单位

在物理化学和物理化学实验课程中，涉及大量的物理量。物理化学课程从理论方面应用数学方法研究各物理量之间的联系或确定各物理量之间的定量关系；物理化学实验对物理量进行测量或通过物理量之间的定量关系式计算难以直接测量的物理量。因此，不但要准确掌握各种量的测量原理和方法，还需要正确理解量的定义、各种量的量纲和单位；正确应用表达量的方程式进行运算，并用图和表格正确记录或表示物理量及各种物理量之间的相互联系。

一、物理量(简称量)

物理量是能准确反映化学变化和物理变化的一个最重要的基本概念。国际标准化组织(ISO)、国际法制计量组织（OIML）等联合制定的《国际通用计量学基本名词》一书中，把量（quantity）定义为：“现象、物体或物质的可以定性区别、可以定量确定的一种属性。”这一定义包含了物理量的双重含义：即物理量不但体现了现象、物体和物质在性质上的区别；同时物理量也体现了属性的大小、轻重、长短或多少等概念。为使用方便，物理量简称量，指物质可以定性描述的属性。物理化学实验对许多物理量进行直接测量或间接测量。

二、 物理量是数值和单位的乘积

根据量的定义可知，任何物理量都具有双重特性：可定性区别和可定量确定。可定性区别是指量在物理属性上的差别，因而可按物理属性把量分为不同种类，如力学量、电学量、热学量等；可定量确定是指各类具体物理量的大小，这就需要在同一类量中，选取某一特定的量作为参考量，称之为单位，则这一类量中的任何其他量，都可以用一个数与所确定的单位的乘积表示，因此，这个数就称为该量的数值，则物理量的量值就等于数值乘以单位。

定量表示物理量时，可以使用数值与单位之积，也可以用符号（量的符号）表示为：

$$Q=\{Q\}\cdot[Q] \tag{1-5-1}$$

式中，Q 为物理量的符号；$[Q]$ 为物理量 Q 的单位符号；$\{Q\}$ 是取单位 $[Q]$ 时物理量 Q 的数值。例如 $V=10\text{m}^3$，表示体积 V 以 $[V]=\text{m}^3$ 为单位时，数值 $\{V\}=10$。如果同样的体积 V，采用不同的单位 $[V]=\text{dm}^3$ 时，数值也必然不同。因此，要完整准确地表示物理量必须同时指明量的数值和单位，二者缺一不可，缺少单位的数值没有任何意义。

此外，还要把量的单位与量纲加以区别。量的单位是用来确定量的大小；而量纲只是表示量的属性并不能指出量的大小。

三、 物理量和方程式

在《量和单位》国家标准中，包括三种类型的方程式：量方程式、数值方程式和单位方程式。下面主要介绍物理化学实验中常用的量方程式和数值方程式。

1. 量方程式

量方程式用于表示物理量之间的关系。根据量的性质，量与所采用的单位无关，因此确定或联系量与量之间的关系的量方程式也与单位无关，即无论选用何种单位来表达其中的量，都不会影响量之间的关系。如摩尔电导率 Λ_m 与电导率 κ、物质的量浓度 c_B 间的量方程为：

$$\Lambda_\text{m}=\kappa/c_\text{B}$$

当 κ 和 c_B 的单位都选用 SI 单位的基本单位和导出单位 $\text{S}\cdot\text{m}^{-1}$ 和 $\text{mol}\cdot\text{m}^{-3}$ 时，得到的 Λ_m 的单位也必然是 SI 单位的基本单位和导出单位 $\text{S}\cdot\text{m}^2\cdot\text{mol}^{-1}$。若 κ 和 c_B 的单位选用 $\text{S}\cdot\text{cm}^{-1}$ 和 $\text{mol}\cdot\text{cm}^{-3}$，则相应的 Λ_m 的单位为 $\text{S}\cdot\text{cm}^2\cdot\text{mol}^{-1}$。单位的换算为：$1\text{m}=100\text{cm}$，则 $1\text{S}\cdot\text{m}^2\cdot\text{mol}^{-1}=10^4\text{S}\cdot\text{cm}^2\cdot\text{mol}^{-1}$。因此，并不需要指明量方程式中各物理量的单位。同时，单位的换算系数也不能出现在量方程中，即量方程只是物理量符号的运算。

此外，前面提到的表示物理量的式 (1-5-1)：$Q=\{Q\}\cdot[Q]$ 也属于特殊形式的量方程式，此种方程式中包含有数值与单位的乘积。

2. 数值与数值方程式

由物理量的表示式(式 1-5-1)可知，物理量的数值等于量与其单位比：$\{Q\}=Q/[Q]$。量的数值常出现在物理化学实验的数据表格和坐标图中。列表时，在表头上必须要对这些数值进行说明，一方面要指明数值所表示的物理量，同时还必须指明所用的单位。作图时，从数学的角度来看，纵、横坐标轴都是表示纯数的数轴。当用坐标轴表示物理量时，必须将物理量除以其单位，转化为纯数成为量的数值才可以表示在坐标轴上。把量转化为数值进行表示时，一定要符合量及数值与单位间的关系式(1-5-1)。

举例：物理化学实验中，测定纯液体在不同温度时的饱和蒸气压，求出所测温度范围液体的平均摩尔汽化焓。作图时，如果表示饱和蒸气压 p 和温度 T 的关系，可以采用图 1-5-1 所示中的任一种形式。

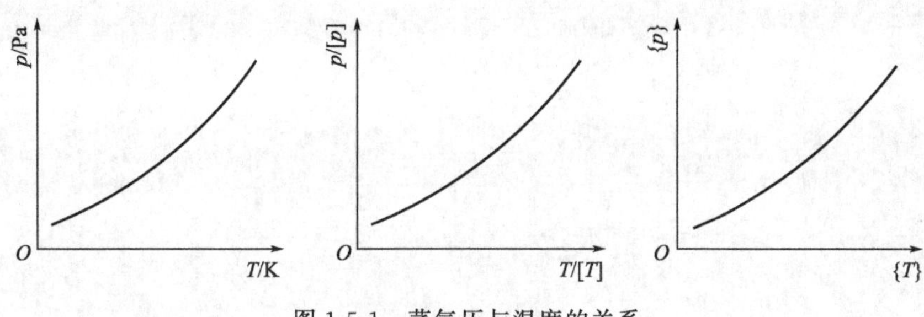

图 1-5-1 蒸气压与温度的关系

当物理量作为变量或其组合出现在指数、对数和三角函数中时，都应是纯数形式或是由量组成的量纲为 1 的组合。例如：表中出现 $\ln(p/\mathrm{Pa})$ 形式以及常见的 $\exp[-E_a/(RT)]$ 形式，前者属于以量除以单位转化为纯数，后者属于由量组成的量纲为 1 的组合。因此，在量方程式中及量的数学运算过程中，对物理量进行指数、对数或三角函数运算时，量纲不为 1 的量均需除以其单位转化为纯数。

当以文字来表达或叙述物理量时，亦必须符合量方程式(1-5-1)，诸如“物质的量为 $n$mol”，“热力学温度为 TK”的说法是错误的。因为物理量 n 中已包含单位 mol，T 中已包含单位 K。正确的表达应为“物质的量为 n”“热力学温度为 T”。

对物理量进行数学运算时，也必须以量方程式(1-5-1)为基础。例如：对理想气体按量方程式 $pV=nRT$ 进行运算时，已知 $n=5\mathrm{mol}$，$T=298\mathrm{K}$，$p=101325\mathrm{Pa}$，计算系统的体积 V。

由 $V=\dfrac{nRT}{p}$ 代入数值与单位得：

$$V=\frac{5\mathrm{mol}\times 8.314\mathrm{J\cdot mol^{-1}\cdot K^{-1}}\times 298\mathrm{K}}{101325\mathrm{Pa}}=0.122\mathrm{m^3}$$

即物理量均以数值乘以单位代入量方程运算，总的结果也符合量方程式。

实际应用时，常常简化为数值方程式进行计算：

$$V=\left(\frac{5\times 8.314\times 298}{101325}\right)\mathrm{m^3}=0.122\mathrm{m^3}$$

即在量方程中的量取同一单位制的单位，用数值方程式运算更加简单和方便。

可以看出，数值方程式只能给出数值间的关系，并不传达量之间的关系。因此，在数值方程式中，一定要明确所用的单位。物理化学实验中，研究各量之间关系的公式都是量方程式的形式，数据的表达和数学计算则以数值和数值方程式为主。

3. 单位方程式

单位方程式表示量的单位之间的相互关系。例如：有关表面张力的概念，根据表面功 $\delta W=\sigma dA_s$，这是量方程式，即在可逆过程中系统增加的表面积 dA_s 正比于环境对系统做的表面功，其中的 σ 为比例系数。按照量的单位进行运算，σ 的 SI 单位应为：$J \cdot m^{-2}=N \cdot m \cdot m^{-2}=N \cdot m^{-1}$，即为单位方程式。$\sigma$ 表示作用在表面单位长度上的力，因而称其为表面张力。

第二章 基础实验

第一节 热力学

实验一 凝固点降低法测定摩尔质量

一、 目的与要求

1. 加深对稀溶液依数性的理解。

2. 掌握溶液凝固点的测量技术。

3. 用凝固点降低法测定萘的摩尔质量。

二、 基本原理

在一定压力下，固体溶剂与溶液达到平衡状态时的温度称为溶液的凝固点。通常测凝固点的方法是将已知浓度的溶液逐渐冷却成过冷溶液，使溶液结晶。当晶体生成时，放出的凝固热使体系（溶液）温度回升，当放热与吸热达到平衡时，温度不再变化，此固、液两相达成平衡的温度即为溶液的凝固点。含非挥发性溶质的双组分稀溶液的凝固点低于纯溶剂的凝固点。凝固点降低是稀溶液依数性的一种表现。当确定了溶剂的种类和数量后，根据凝固点降低的数值，可以求溶质的摩尔质量。即当溶剂中加入非挥发性溶质时，其凝固点降低值 ΔT_f 与溶质的质量摩尔浓度 m_B 成正比。

$$\Delta T_f = T_f^* - T_f = K_f m_B \tag{2-1-1}$$

式中，T_f^* 为纯溶剂的凝固点；T_f 为溶液的凝固点；K_f 为质量摩尔凝固点降低常数。

$$K_f = \frac{R(T_f^*)^2}{\Delta_{fus} H_m^*(A)} M_A \tag{2-1-2}$$

$$\Delta T_f = \frac{R(T_f^*)^2}{\Delta_{fus} H_m^*(A)} M_A m_B = \frac{R(T_f^*)^2}{\Delta_{fus} H_m^*(A)} \times \frac{n_B}{n_A} \tag{2-1-3}$$

式中　$\Delta_{fus} H_m^*(A)$——溶剂 A 的摩尔熔化焓，$J \cdot K^{-1} mol^{-1}$；

M_A——溶剂的摩尔质量，kg·mol^{-1}；

n_A——溶剂的物质的量，mol；

n_B——溶质的物质的量，mol。

如果已知溶剂环己烷的凝固点降低常数 $K_f=20.0$K·kg·mol^{-1}，并测得此溶液凝固点降低值 ΔT_f，以及溶剂和溶质的质量 m_A、m_B，则溶质的摩尔质量由下式求得

$$M_B=K_f\frac{m_B}{\Delta T_f m_A} \tag{2-1-4}$$

凝固点降低值的大小，直接反映了溶液中溶质有效质点的数目。如果溶质在溶液中有解离、缔合、溶剂化和配合物生成等情况，不能简单地运用式（2-1-4）计算溶质的摩尔质量。因此凝固点降低法也可用来研究溶液的一些性质，例如电解质的电离度、溶质的缔合度、活度和活度系数等。

纯溶剂的凝固点是其液相和固相共存时的平衡温度。若将纯溶剂逐步冷却，理论上其冷却曲线（或称步冷曲线）应如图 2-1-1 中曲线Ⅰ所示。但实际过程中往往发生过冷现象，即在过冷而开始析出固体时，放出的凝固热使体系的温度回升到平衡温度，待液体全部凝固后，温度再逐步下降，其步冷曲线呈图 2-1-1 中曲线Ⅱ的形状。过冷太甚，会出现图 2-1-1 曲线Ⅲ的形状。

溶液凝固点的精确测量，难度较大。当将溶液逐步冷却时，其步冷曲线与纯溶剂不同，见图 2-1-1 中曲线Ⅳ、Ⅴ、Ⅵ。由于溶液冷却时有部分溶剂凝固而析出，使剩余溶液的浓度逐渐增大，因而剩余溶液与溶剂固相的平衡温度也逐渐下降，出现图 2-1-1 中曲线Ⅳ的形状。通常发生稍有过冷现象，则出现图 2-1-1 中曲线Ⅴ的形状，此时可将温度回升的最高值近似地作为溶液的凝固点。若过冷太甚，凝固的溶剂过多，溶液的浓度变化过大，则出现图 2-1-1 中曲线Ⅵ的形状，测得的凝固点将偏低，影响溶质摩尔质量的测定结果。因此在测量过程中应该设法控制适当的过冷程度，一般可通过控制冰浴的温度、搅拌速度等方法来达到。

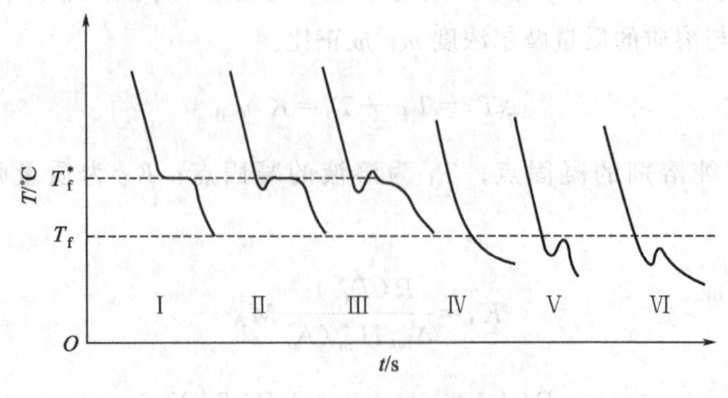

图 2-1-1　步冷曲线示意图

严格地说，纯溶剂和溶液的冷却曲线，均应通过外推法求得凝固点 T_f^* 和 T_f。如图 2-1-2 所示，首先记录绘制纯溶剂与溶液的冷却曲线，作曲线后面部分（已经有固体析出）

的趋势线并延长使其与曲线的前面部分相交，其交点就是凝固点。

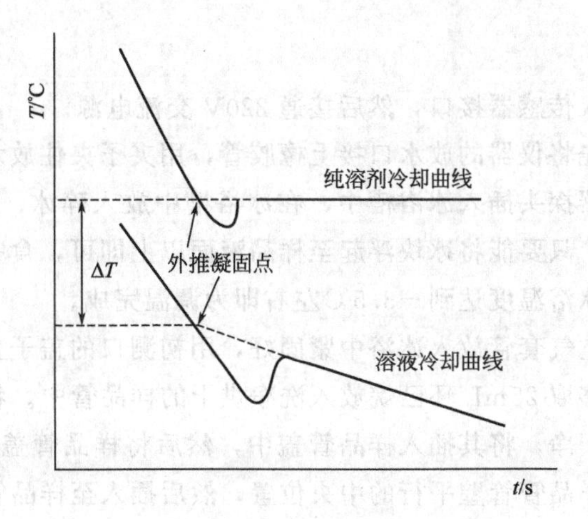

图 2-1-2 外推法求纯溶剂和溶液的凝固点

三、 仪器与试剂

SWC-LG$_D$凝固点测定仪（图 2-1-3）

烧杯（1000mL）	电子天平（d＝0.0001g）
移液管（25mL）	碎冰、氯化钠
环己烷（A. R.）	萘（A. R.）

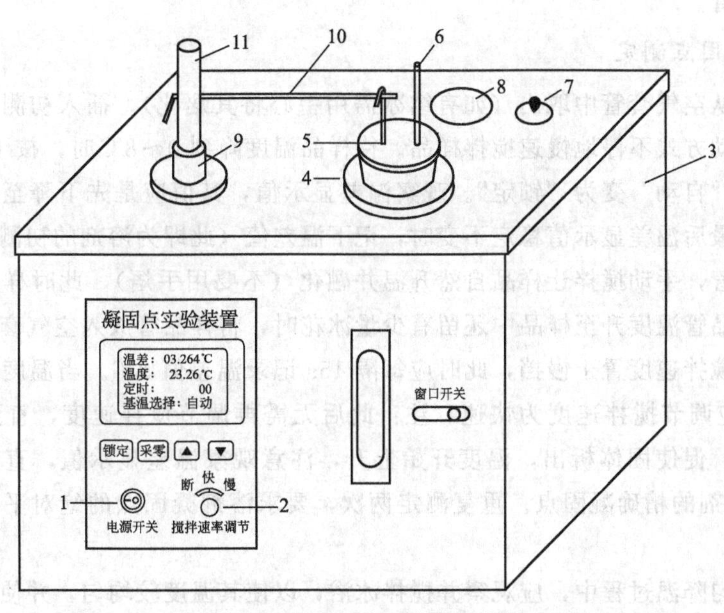

图 2-1-3 凝固点测定仪示意图

1—电源开关；2—搅拌速率调节旋钮；3—冰浴槽；4—凝固点测定口（空气套管口）；5—自动搅拌器插孔；6—温度传感器；7—冰浴槽手动搅拌器；8—凝固点初测口；9—紧固螺母；10—横连杆；11—螺杆

四、 实验步骤

1. 仪器安装调节

将传感器插头插入传感器接口，然后接通220V交流电源。

调节冰浴温度：先将仪器的放水口接上橡胶管，用夹子夹住放水管，以使冰浴的水不致流出，将温度传感器探头插入冰浴槽中，在冰浴槽中放入碎冰、自来水及食盐。注意：自来水要少加、缓加，只要能将冰块浮起至样品液面以上即可，食盐应少量加入，并搅拌溶解后再逐渐加入。冰浴温度达到−3.5℃左右即为调温完成。

安装样品管：将空气套管放入冰浴中紧固好，用初测口的盖子盖住其管口，以使其内表面保持干燥。准确移取25mL环已烷放入洗净烘干的样品管中。将温度传感器从冰浴中取出，用蒸馏水冲洗干净，将其插入样品管盖中，然后将样品管盖塞入样品管中。注意：温度传感器应插入与样品管管壁平行的中央位置，然后插入至样品管底部。

安装搅拌装置：将搅拌棒放入样品管中，传感器应置于搅拌棒底部圆环内。将横连杆插入搅拌器螺杆上的定位孔中，再将搅拌棒挂在横连杆上，适当拧紧紧固螺母，使横连杆能水平转动而不滑落。将样品管放入空气套管中，上下拉动搅拌杆，应拉动自如。将搅拌杆挂钩勾在横连杆上，置开关于“慢”挡。调节样品管盖，使搅拌自如，下落时，以搅拌圈能碰到样品管底部为佳。停止搅拌，然后将横连杆套上止紧橡胶圈（O形圈），并左推到底，防止搅拌时搅拌杆脱落，拧紧紧固螺母。

样品管取出：将搅拌横连杆上止紧橡胶圈右移，向左拉动横连杆，从横连杆上脱开挂钩，取出样品管。

2. 溶剂凝固点测定

将样品管从空气套管中取出（如有结冰需用手心将其焐化），插入初测口，盖好空气套管口，用手动方式不停地慢速搅拌样品。待样品温度降到0～8℃时，按下“锁定”键，使基温选择由“自动”变为“锁定”。观察温差显示值，其值应是先下降至过冷温度，然后急剧升高，最后温差显示值稳定不变时，记下温差值（此即为溶剂的初测凝固点）。

拿出样品管，手动搅拌让样品自然升温并融化（不要用手焐），此时样品管中样品缓慢升温，当样品管温度升至样品中还留有少量冰花时，将样品管放入空气套管中并连接好搅拌系统，将搅拌速度置于慢挡，此时应每隔15s记录温差值ΔT。当温度低于初测凝固点0.1℃时，应调节搅拌速度为快速（注：此后无需再调节搅拌速度，直到实验结束），加快搅拌速度，促使固体析出，温度开始上升，注意观察温差显示值，直至稳定，持续60s，此即为溶剂的精确凝固点。重复测定两次，要求溶剂凝固点的绝对平均误差不超过(±0.003)℃。

在样品均匀降温过程中，应观察并搅拌冰浴，以使其温度较均匀，并使其温度保持在−3.5～−3℃。若冰浴温度高于−2.5℃，则实验难以完成。

3. 溶液凝固点的测定

取出样品管，用手心焐热，使管内冰晶完全融化，向其中投入已称重0.1g左右的萘，待其完全溶解后，按步骤 2 重复实验，测得该溶液的凝固点。

4. 关机

关闭搅拌系统（将“搅拌速率调节”开关拨至“断”挡即可）。关闭电源开关，拔下电源插头。

向冰浴中通入自来水，清洗冰浴中的盐和水。注意：不要注水过猛、过多，使水溢到机箱内部，用干净的不含盐的抹布擦拭仪器的外表。如果放水管放不出水来，可能是盐粒过多堵塞管道，可以用洗耳球向其中猛打空气将管道疏通。

五、 数据处理

1. 用 $\rho_t/\mathrm{g \cdot cm^{-3}}=0.7971-0.8879\times10^{-3}t/℃$，计算室温 t 时环己烷的密度，然后算出所取的环己烷的质量 m_{A}。

2. 由测定的纯溶剂、溶液凝固点 T_{f}^{*}、T_{f}，计算萘的摩尔质量，并判断萘在环己烷中的存在形式。

六、 提问思考

1. 在冷却过程中，凝固点管内液体存在哪些热交换？它们对凝固点的测定有何影响？
2. 当溶质在溶液中有解离、缔合、溶剂化和形成配合物时，测定的结果有何影响？
3. 在溶剂中加入溶质的量过多或过少会有何影响？
4. 估计实验测量结果的误差，并说明影响测量结果的主要因素。

七、 注解

1. “凝固点降低法测定摩尔质量”是有近百年历史的经典实验，它不仅是一种比较简便和准确的测量溶质摩尔质量的方法，而且在溶液热力学研究和实际应用上都有重要的意义。

2. 加入固体样品时要小心，勿粘在壁上或撒在外面，以保证量的准确。

3. 由于慢速搅拌时，阻力较大，不容易启动，所以先拨到“快”挡搅拌，启动后再拨到“慢”挡搅拌。

4. 若过冷太深，则让样品自然融化后重新结晶，再精测凝固点；若样品管管壁有结冰，一定要用搅拌杆将其刮落并融化。

5. 本实验测量的关键是控制过冷程度和搅拌速度。理论上，在恒压条件下，纯溶剂在两相平衡共存时可达到平衡温度。但实际上，只有固相充分分散到液相中（即接触面相当大），平衡才能达到。如凝固点管置于空气套管中，温度不断降低达到凝固点后，由于固相是逐渐析出的，此时若凝固热放出速率小于冷却用冰浴所吸收的热量，则体系温度将继续降低，产生过冷现象。这时应控制过冷程度，一是采取突然搅拌的方式，使骤然析出的大量微小结晶得以保证两相的充分接触，从而测得固液两相共存的平衡温度，二是控制冰浴的温度在$-3.5\sim-3$℃。为判断过冷程度，本实验先测近似凝固点。总之，对于两组分的溶液体系，凝固溶剂的量会直接影响溶液的浓度。

6. 萘的摩尔质量文献值为$128\text{g}\cdot\text{mol}^{-1}$，实验测量结果应为（$128\pm4$）$\text{g}\cdot\text{mol}^{-1}$。

实验二　双液系的气-液平衡相图

一、目的与要求

1. 用回流冷凝法测定不同浓度的正丙醇-水体系的沸点和气-液两相平衡组成。

2. 绘制正丙醇-水体系的气-液平衡相图（温度-组成图），并确定体系的最低恒沸点和相应的恒沸组成。

3. 掌握数字阿贝折光仪的测量原理和使用方法。

二、基本原理

1. 气-液相图

两种液态物质混合而成的二组分体系称为双液系。二组分若能在所有组成范围内完全互溶，则称为完全互溶双液系。一个完全互溶双液系的沸点-组成图，表明了气-液两相达平衡时，沸点和气、液两种组分间的关系。液体的沸点是指液体的蒸气压与外界压力相等时的温度。在一定的压力下，纯液体的沸点有其确定值。与纯液体不同，双液系的沸点还与两种液体的相对含量有关。

对于一个气-液共存的二组分体系，根据相律：

$$f=C-\Phi+2 \tag{2-2-1}$$

式中　f——自由度；

C——独立组分数；

Φ——相数。

上式可得自由度为2。若再确定一个变量，则自由度为1，整个体系的存在状态就可以用二维图形来描述。

当体系的压力恒定时，在气-液两相共存的区域中，自由度等于1，即温度一定，气-液两相的成分也就确定了。总成分一定时，根据杠杆原理，两相的相对量也一定。故可作温度T对组分$x(y)$的关系图，即为相图（沸点-组成图）。在T-$x(y)$相图上，有三个变量，即温度、液相组成和气相组成，但在气-液两相共存的区域中只有一个自由度。因此，一旦设定某个变量，则其他两个变量必有相应的确定值。如图2-2-1(a)所示，温度T水平线指出了此温度时处于平衡的液相组分x和气相组分y的相应值。

恒压下，完全互溶双液系的沸点-组成图可分为两类。

(1) 体系接近于理想物系，即溶液为理想溶液，符合拉乌尔（Raoult）定律，如苯-

甲苯体系，溶液沸点介于两纯物质的沸点之间，如图 2-2-1(a) 所示。绝大多数实际体系与拉乌尔定律有一定偏差。当偏差不大时，温度-组成图也与图 2-2-1(a) 相似。

(2) 体系与拉乌尔定律偏差很大时，其相图可能出现极值。此极值称为恒沸点，其气、液两相的组成相同，称为恒沸组成。

① 当实际蒸气压值与拉乌尔定律的计算值相比偏大时，称对拉乌尔定律有正偏差。正偏差很大的体系在 T-$x(y)$ 图上会有极小值，即溶液有最低恒沸点，如环己烷-乙醇体系、正丙醇-水体系，如图 2-2-1(b)。

② 当实际蒸气压值与拉乌尔定律的计算值相比偏小时，称对拉乌尔定律有负偏差。负偏差很大的体系在 T-$x(y)$ 图上会有极大值，即溶液有最高恒沸点，如图 2-2-1(c)。如丙酮-氯仿体系、水-氯化氢体系。

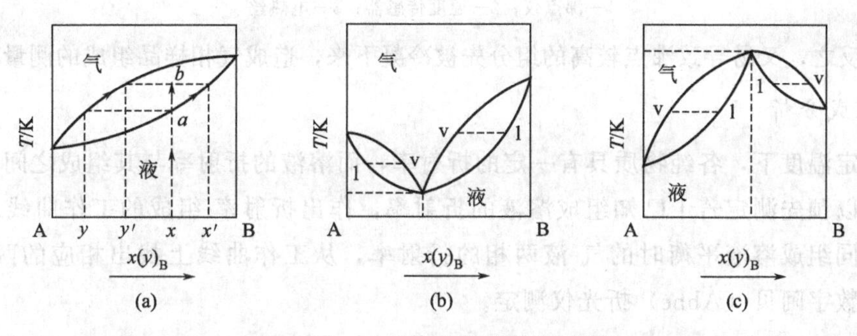

图 2-2-1 二元体系的温度-组成图

绘制沸点-组成图的简单原理如下：如图 2-2-1 (a) 所示，组成为 x 的溶液开始被加热蒸馏时，体系温度沿虚线上升。与液相线交于 a 点时，开始出现气泡，此气泡组成为 y，即此时气相组成为 y。继续加热，气相量逐渐增多，温度仍沿虚线上升，气-液两相组成分别在气相线和液相线沿箭头方向变化。温度达到 b 点时，达到该溶液沸点，温度不再变化，体系气-液两相达成平衡，液相和气相组成分别为 x' 和 y'。

测定一系列该体系不同配比溶液的沸点及该沸点下的气、液两相组成，就可绘制气-液体系的相图。压力不同时，双液系相图略微有差异。

2. 沸点仪

一般精确测定气-液平衡温度比较困难，因液相易发生过热现象，气相中又有冷凝过程。采用沸点仪是减少这些误差的方法之一。沸点仪应便于取样分析、正确测定沸点，同时可以防止过热及避免分馏。本实验所用沸点仪是一个带有回流冷凝管的长颈圆底烧瓶，见图 2-2-2。冷凝管底部有一半球形凹槽，用于收集冷凝下来的气相样品。液相样品则通过烧瓶上的支管抽取。浸于溶液中的电热丝用于加热溶液，以减少溶液沸腾时的过热现象，防止暴沸。温度传感器用于测量溶液温度。

为了获得最佳的实验结果，沸点仪的设计是关键之一。若收集气相冷凝液的凹形小槽容积过大，在客观上即造成溶液的分馏；容积过小则会因存储样品太少而给测定带来一定困难。另外，连接冷凝管和圆底烧瓶之间的连接管过短或位置过低，沸腾的液体就有可能溅入

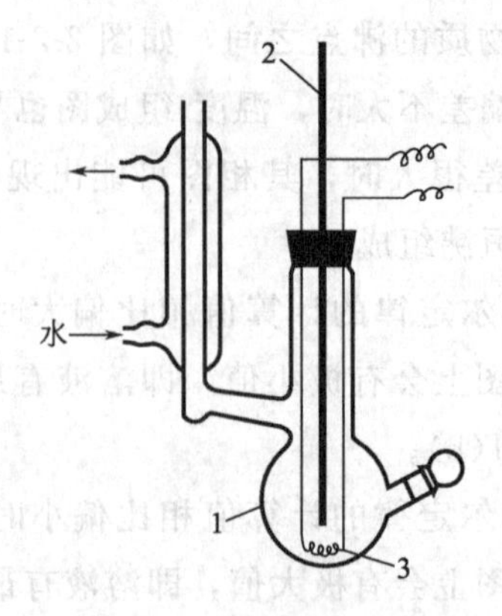

图 2-2-2　沸点测定装置

1—沸点仪；2—温度传感器；3—电热丝

小球内；反之，又易导致沸点较高的组分先被冷凝下来，造成气相样品组成的测量有偏差。

3. 组成分析

在一定温度下，各纯物质具有一定的折射率，而溶液的折射率与其组成之间有一定关系。故可以预先测定若干已知组成溶液的折射率，作出折射率-组成的工作曲线。通过分别测量不同组成溶液平衡时的气-液两相的折射率，从工作曲线上找出相应的两相组成。折射率用数字阿贝（Abbe）折光仪测定。

三、 仪器与试剂

沸点测定装置（沸点仪、电热丝、温度传感器、调压器）

WYA-1S 型数字阿贝折光仪　　镜头纸

超级恒温槽　　量筒（30mL）

吸管　　橡皮塞

无水正丙醇（A. R.）　　洗耳球

四、 实验步骤

本实验绘制正丙醇-水二元体系的沸点-组成图。

(1) 调节超级恒温槽至 30℃，恒温水通入数字阿贝折光仪（原理和使用方法参见本实验附录：数字阿贝折光仪）。使用前用纯水校正阿贝折光仪（30℃时，$n_{水}=1.3328$）。在本实验中，用折光仪测量的样品是正丙醇和水，测量一种样品后，用洗耳球将测量棱镜处留下的液体吹干净，而不须用其他溶剂去清洗。

(2) 安装实验装置，将 12 个沸点仪用橡胶管串联在一起，确认冷却水已通入沸点仪冷凝管中。

(3) 按表 2-2-1 比例，配制 12 种不同组成的正丙醇-水混合溶液各 30mL，存于沸点仪中。

(4) 按图 2-2-2 在沸点仪中装好温度传感器及电热丝，使电热丝全部浸没在液体中。

沸点仪冷凝管上口不能加塞子，烧瓶上口和取样支管口要塞紧塞子，防止漏气。

(5) 接通外电源，将调压器先调至 0V，然后将加热电压逐渐增加至 15V（注意：调高电压的同时观察电热丝在液体中的加热情况，避免加热电流过大引燃液体出现危险；沸点仪冷凝管中的冷却水要充足，不能让蒸气溢出）。

(6) 注意观察温度变化及液体沸腾情况。当气相冷凝液在冷凝管下端凹槽内充满，且温度稳定数分钟不变时，即达到沸点，记下温度，停止加热。从冷凝管下端凹槽取气相样品，立即在 30℃下用数字阿贝折光仪测定折射率。从烧瓶支管取液相样品，立即在 30℃下用数字阿贝折光仪测定折射率。

(7) 重复步骤 (4) ～ (6)，即测量完一种溶液后，将温度传感器与电热丝放入另一沸点仪中继续测量不同组成溶液的沸点和两相的折射率。

五、 数据处理

1. 按照表 2-2-1 记录实验数据：

表 2-2-1 实验数据 大 气 压：

序号	体积比/%		沸点/℃	气相		液相	
	正丙醇	水		折射率 n	组成 y	折射率 n	组成 x
1	0	100					
2	10	90					
3	18	82					
4	32	68					
5	42	58					
6	64	36					
7	81	19					
8	88	12					
9	91	9					
10	94	6					
11	98	2					
12	100	0					

注：对于纯水和纯正丙醇，只记录其沸点即可，不用蒸馏测定气液相组成。

如果在沸点仪数量不足的情况下，也可采取第二种实验方法，即用一只沸点仪，按表 2-2-2 所列比例，依次添加正丙醇或水获得不同浓度的溶液。

步骤如下：往干燥洁净的沸点仪中加入 30.0mL 水，测定沸点。再依次添加正丙醇，使溶液中正丙醇的体积分别为 2.0mL、6.0mL、12.0mL、22.0mL，分别测定各溶液的沸点和气-液平衡时的气相组成和液相组成的折射率。

测定完毕后，清洗沸点仪。往洁净干燥的沸点仪加入 30.0mL 正丙醇，测定沸点。然后依次添加水，使溶液中水的体积为 0.6mL、2.0mL、3.0mL、5.0mL、7.0mL、17.0mL，分别测定各溶液的沸点和气-液平衡时气相组成和液相组成的折射率。

表 2-2-2 实验数据　　　　大气压：

序号	混合溶液加入量/mL		沸点/℃	气相		液相	
	水	正丙醇		折射率 n	组成 y	折射率 n	组成 x
1	30.0	0					
2	—	2.0					
3	—	6.0					
4	—	12.0					
5	—	22.0					
6	0	30.0					
7	0.6	—					
8	2.0	—					
9	3.0	—					
10	5.0	—					
11	7.0	—					
12	17.0	—					

2. 根据测定的折射率，从实验室提供的正丙醇-水的折射率-组成曲线上查出对应的组成，填入表 2-2-1 或表 2-2-2 中。也可用折射率-组成关系式计算得到正丙醇相应组成。

3. 以温度为纵坐标，气、液相组成（摩尔分数）为横坐标，绘制沸点-组成图，并在图中找出恒沸温度及恒沸组成。

六、 提问思考

1. 本实验体系中，恒沸组成的蒸气压比拉乌尔定律所预测的蒸气压大还是小？

2. 是否能用简单蒸馏来分离正丙醇-水？为什么？

3. 温度传感器与电热丝放入另一沸点仪中时，对温度计和加热丝上残留的液体不需进行吹干处理，为什么？

4. 为什么沸点仪冷凝管上口不能加塞子，烧瓶上口和取样支管口要塞紧塞子？

七、 注解

1. 气-液相图的意义

气-液相图的使用意义在于掌握了气-液相图，才有可能利用蒸馏方法使液体混合物有效分离。在石油工业和溶剂、试剂的生产过程中，常利用气-液相图来指导并控制分馏、精馏的操作条件。

2. 组成测定中的注意点

12 个沸点仪中的液体都测完后，如果发现 12 个样品的组成分布不均匀，不便作图，可以改变某个沸点仪中液体组成，多测几组样品。另外，一定要待温度稳定后，即体系达到气-液平衡后才能取样分析，但沸腾时间不宜过长，以防溶液炭化分解。

3. 参考值

(1) 正丙醇-水的折射率-组成工作曲线见图 2-2-3。

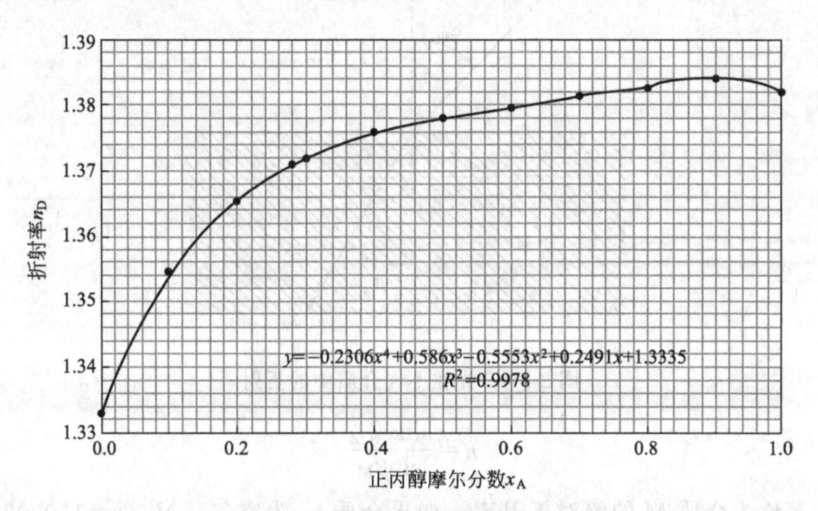

图 2-2-3　正丙醇-水的折射率-组成工作曲线（T=30℃）

30℃时，折射率-组成关系拟合多项式：

$$y=-0.2306x^4+0.586x^3-0.5553x^2+0.2491x+1.3335$$

(2) 文献值：25℃时，正丙醇密度为 0.804g/mL，正丙醇-水体系恒沸点为 87.8℃，恒沸物的摩尔分数为 0.427。

附录　数字阿贝折光仪

数字阿贝折光仪（阿贝折光仪）可直接用来测量液体的折射率，定量地分析溶液的成分，鉴定液体的纯度。同时，它也是物质结构研究工作的重要工具，例如：物质的摩尔折射率、摩尔质量、密度、极性分子的偶极矩等都可通过折射率数据得到。阿贝折光仪测定折射率时有许多优点：所需样品量少，测量精度高（可精确到 1×10^{-4}），重现性好，测量方法方便。近年来，由于电子技术和电子计算机技术的发展，通常人们在科研和教学中均使用数字阿贝折光仪。以下介绍常用的 WYA-1S 型数字阿贝折光仪。

1. 光学原理

(1) 折射现象和折射率

当一束光从一种介质 m 进入另一种介质 M 时，不仅光速会发生改变，如果传播方向不垂直于 m/M 界面，还会发生折射现象，如图 2-2-4 所示。根据斯涅尔（Snell）折射定律，波长一定的单色光在温度、压力不变的条件下，其入射角 α_m 和折射角 β_M 与这两种介质的折射率 n(介质 M)、N(介质 m) 有下列关系：

$$\frac{\sin\alpha_m}{\sin\beta_M}=\frac{n}{N} \tag{2-2-2}$$

如果介质 m 是真空，因规定 $N_{真空}=1$，则：

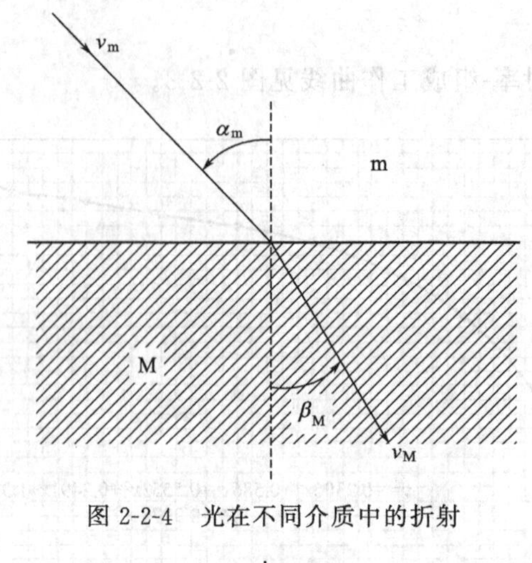

图 2-2-4 光在不同介质中的折射

$$n=\frac{\sin\alpha_{真空}}{\sin\beta_M} \tag{2-2-3}$$

式中，n 称为介质 M 的绝对折射率。如果介质 m 为空气，$N_{空气}=1.00027$（空气的绝对折射率），因此：

$$\frac{\sin\alpha_{空气}}{\sin\beta_M}=\frac{n}{N_{空气}}=\frac{n}{1.00027}=n' \tag{2-2-4}$$

式中，n' 称为介质 M 对空气的相对折射率。因 n 与 n' 相差甚小，所以通常以 n' 作为介质的绝对折射率。

由于在一定波长和温度条件下，折射率是物质的特性常数，因此在其右下角注以字母表示测定时所用单色光的波长，D、F、G、C…分别表示钠的 D（黄）线，氢的 F（蓝）线、G（紫）线、C（红）线等；右上角注以测定时的介质温度（℃）；n_D^{20} 表示在 20℃时该介质对钠光 D 线的折射率。

（2）数字阿贝折光仪基本原理

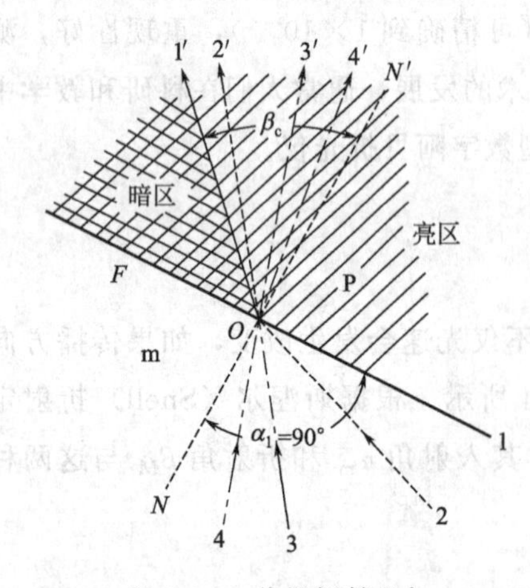

图 2-2-5 临界折射现象

阿贝折光仪根据临界折射现象设计，如图 2-2-5所示。试样 m 置于测量棱镜 P 的界面 F 上，而棱镜的折射率 n_P 大于试样的折射率 n。入射光为 $1\sim N$，相应的折射光为 $1'\sim N'$。其中入射光 1 正好沿着棱镜与试样的界面 F 射入，入射角 $\alpha_1=90°$，折射角为 β_c，称为临界角，因为再没有比 β_c 更大的折射角了。β_c 具有特征意义，大于临界角的构成暗区，小于临界角的构成亮区。

阿贝折光仪的主要部分为两块直角棱镜：进光的上棱镜与放待测液体的下棱镜。上棱镜的粗糙毛玻璃表面与下棱镜的光学平面之间约有 0.1～0.15mm 的空隙，用于装待测液体并使液体在两棱镜间铺成一薄层。光线从反射镜射入上棱镜后，由于是粗糙的毛玻璃而发生散射，从各种角度透过被测液体薄层进入下棱镜中。从各个方向进入下棱镜的光线均产生折射，由前所知，其折射角都落在临界角 β_c 之内（因棱镜的折射率大于液体的折射率，入射的全部光线都通过棱镜发生折射）。具有临界角 β_c 的光线穿出下棱镜后射于目镜上，此时若将目镜的十字线调节到适当位置，则会见到目镜上半明半暗。

根据式（2-2-2），可得

$$n=n_P\frac{\sin\beta_c}{\sin 90^\circ}=n_P\sin\beta_c \tag{2-2-5}$$

显然，如果已知棱镜 P 的折射率 n_P，并且在温度、单色波长都保持恒定值的实验条件下，测定临界角 β_c，就可得到 n。

数字阿贝折光仪将角度转换成数字量，再进行数据处理，而后以数字显示出被测样品的折射率。WYA-1S 型数字阿贝折光仪外形结构见图 2-2-6。

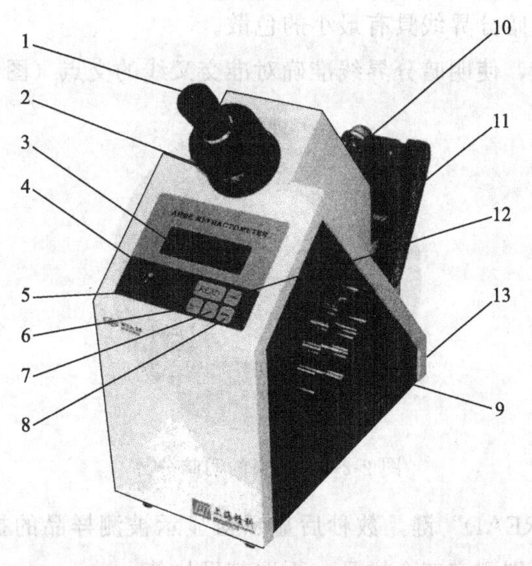

图 2-2-6 WYA-1S 型数字阿贝折光仪外形结构

1—目镜；2—色散手轮；3—显示窗；4—“POWER”电源开关；
5—“READ”读数显示键；6—“BX-TC”经温度修正锤度显示键；
7—“n_D”折射率显示键；8—“BX”未经温度修正锤度显示键；9—调节手轮；
10—聚光照明部件；11—折射棱镜部件；12—“TEMP”温度显示键；13—RS232 接口

2. 使用方法

（1）折光仪须定期进行校正。校正的方法是用一种已知折射率的标准液体，一般使用纯水，按上述方法进行测定。纯水的 $n_D^{25}=1.3325$，在 15～30℃之间的温度系数为 $-0.0001℃^{-1}$。如测量数据与标准值有偏差，可用工具小心旋转色散校正手轮中小孔里面的螺钉，使交叉线上下移动，然后再测量。反复进行直到测得的数据与标准值相同。常用标准液体折射率数据参见第四章附录二。

（2）用橡皮管将折光仪上、下棱镜上保温夹套的进出水口与超级恒温槽串联起来，恒温温度以折光仪上的温度计读数为准，本实验选用（30±0.1)℃。

(3) 打开仪器和恒温电源，此时仪器的显示窗口显示“0000”。调节水浴温度，开启水泵电源。

(4) 打开折射棱镜部件，移去擦镜纸。检查上、下棱镜表面，用滴管滴加少量丙酮（或无水酒精）清洗镜面，必要时可用擦镜纸轻轻吸干镜面（注意：滴管不要碰触镜面，测完样品后也必须仔细清洁两个镜面，但切勿用滤纸）。

(5) 滴加样品于下棱镜的工作面上，闭合上面的进光棱镜。

(6) 旋转聚光照明部件的转臂和聚光镜筒，使上棱镜的进光表面得到均匀照明。

(7) 通过目镜观察视野，同时旋转调节手轮，使明暗分界线落在视野中交叉线。如从目镜中看到视野是暗的，可将调节手轮逆时针旋转；如是明亮的，则顺时针旋转。明亮区域在视野的顶部。在明亮视野下旋转目镜，使视野中的交叉线最清晰。

(8) 旋转目镜下方缺口里的色散校正手轮，同时调节聚光镜位置，使视野中明暗两部分具有良好的反差且明暗分界线具有最小的色散。

(9) 旋转调节手轮，使明暗分界线准确对准交叉线的交点（图 2-2-7)。

图 2-2-7 准确的明暗分界

(10) 按面板上“READ”键，数秒后显示窗显示被测样品的折射率。为了数据的准确，必须按上述步骤分别测定三个样品，再取其平均值。

(11) 需检测样品温度时，可按“TEMP”键，显示窗将显示被测样品的温度。

(12) 测量结束后，必须用少量丙酮（或无水酒精）和擦镜纸清洗镜面。合上折射棱镜部件前须在两个棱镜之间放一张擦镜纸。

3. WYA-1S 型数字阿贝折光仪主要技术参数

当仪器与恒温水浴配套使用时，仪器可显示样品的温度。

(1) 折射率 n_D 测量范围：1.3000～1.7000。

(2) 折射率 n_D 测量精度：±0.0002。

(3) 温度显示范围：0～50℃。

4. 注意事项

(1) 仪器应放在干燥、空气流通和温度适宜的地方，以免仪器的光学零件受潮发霉。

(2) 仪器使用前后及更换样品时，必须先清洗擦净折射棱镜的工作表面。

(3) 被测液体样品中不可含固体杂质，测试固体样品时应防止折射棱镜工作表面拉毛或产生压痕，严禁测试腐蚀性较强的样品。

(4) 仪器应避免强烈震动或撞击，防止光学零件震碎、松动而影响精度。

(5) 阿贝折光仪应避免日光直接照射或靠近热的光源（如电灯泡），以免影响测定温度。

(6) 仪器不用时，用塑料罩将仪器盖上或放入箱内，保持仪器的清洁。

(7) 使用者不得随意拆装仪器。发生故障或达不到精度要求时，应及时送修。

实验三 燃烧热测定

一、 目的与要求

1. 掌握燃烧热的定义，了解恒压燃烧热与恒容燃烧热的差别及相互关系。

2. 通过物质燃烧热的测定，掌握有关热力学实验的一般知识和氧弹量热计的实验技术。

3. 用氧弹量热计测定蔗糖的燃烧热。

二、 基本原理

1. 燃烧与量热

根据热化学理论，燃烧热是 1mol 物质完全氧化燃烧时放出的热量。完全氧化燃烧，对燃烧产物有明确的规定，如有机化合物中的 C 只有氧化成 CO_2 才是完全氧化，若产物为 CO 时则不能认为是完全氧化。恒容条件下测得的燃烧热为恒容燃烧热 Q_V；恒压条件下测得的燃烧热为恒压燃烧热 Q_p。由热力学第一定律可知，在非体积功为零时，Q_V 等于体系内能变化值 ΔU；Q_p 等于焓变值 ΔH。若把参加反应的气体和反应生成的气体都作为理想气体处理，则它们之间存在以下关系：

$$\Delta H = \Delta U + \Delta(pV) \tag{2-3-1a}$$

$$Q_p = Q_V + \Delta nRT \tag{2-3-1b}$$

式中 Δn——生成物和反应物中气体物质的量之差，mol；

T——反应时的热力学温度，K。

量热法是热力学的一种基本实验方法。量热计有很多种类，本实验所用的氧弹量热计是一种环境恒温式量热计。氧弹量热计测量装置如图 2-3-1 所示，图 2-3-2 为氧弹剖面图。

2. 氧弹量热计

氧弹量热计测量热量的基本原理是能量守恒定律。样品完全燃烧后所释放的能量使得

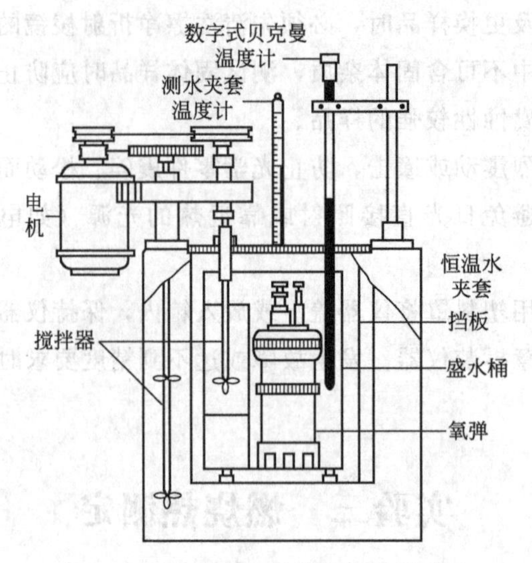

图 2-3-1 氧弹量热计测量装置示意图

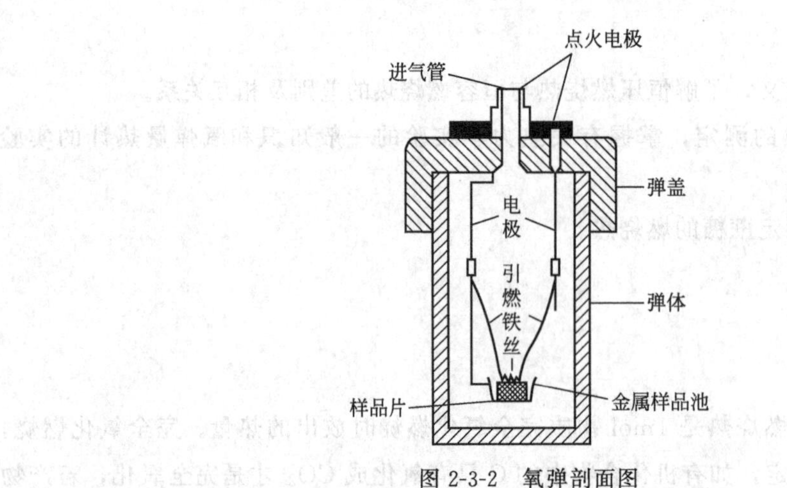

图 2-3-2 氧弹剖面图

氧弹本身、周围介质以及量热计有关附件的温度升高，则测量燃烧前后体系温度的变化值，就可求算该样品的恒容燃烧热。其关系式如下：

$$-\frac{m_{样}}{M_{样}}Q_V - l \cdot Q_1 = (m_{水}c_{水} + c_{计})\Delta T \tag{2-3-2}$$

式中 $m_{样}$——样品的质量，g；

$M_{样}$——样品的摩尔质量，$g \cdot mol^{-1}$；

l——引燃用铁丝的长度，cm；

Q_1——引燃用铁丝单位长度燃烧热，$J \cdot cm^{-1}$；

$m_{水}$——水作测量介质的质量，g；

$c_{水}$——水的比热容，$J \cdot K^{-1} \cdot g^{-1}$；

$C_{计}$——量热计水当量，即量热计（不包括水）升高1℃所需热量，$J \cdot K^{-1}$；

ΔT——样品燃烧前后水温的变化值，K 或℃。

本实验中，已知 20℃苯甲酸的恒压燃烧热 Q_p 为 $-3226 KJ \cdot mol^{-1}$，苯甲酸和蔗糖的燃烧反应如下：

$$2C_6H_5COOH(s)+15O_2(g)=\!=\!=14CO_2(g)+6H_2O(l)$$

$$C_{12}H_{22}O_{11}(s)+12O_2(g)=\!=\!=12CO_2(g)+11H_2O(l)$$

引燃用铁丝的燃烧热值 Q_1 为 $-2.9J\cdot cm^{-1}$，$c_{水}=4.184J\cdot K^{-1}\cdot g^{-1}$。根据式（2-3-2）和苯甲酸燃烧前后水温变化值 ΔT，计算出 $C_{计}$。再根据 $C_{计}$ 和蔗糖燃烧前后的水温变化值 ΔT，可以计算得到蔗糖的燃烧热。

为了保证样品完全燃烧，氧弹中需充满高压氧气。因此氧弹应有很好的密封性能，耐高压且耐腐蚀。氧弹应放在一个保温良好的套壳中。盛水桶与套壳之间有一高度抛光的挡板，以减少热辐射和对流。

3. 燃烧过程温度-时间曲线与雷诺温度校正图

燃烧过程温度-时间曲线绘制方法如下：称取适量样品进行测定，记录燃烧前、中、后的水温和时间，以水温和时间关系作如图 2-3-3 所示的曲线。图中 F 点是开始记录的温度与时间，H 点意味着燃烧开始，热传入水，D 点为观察到的最高温度值，到达 G 点时可以停止，记录温度与时间数据。

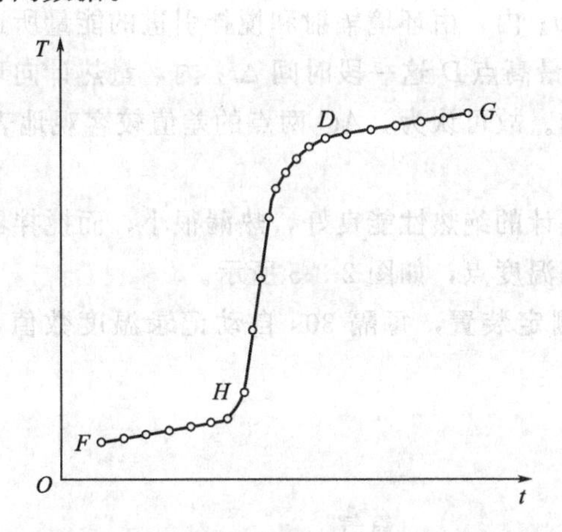

图 2-3-3 燃烧过程的温度-时间曲线

在实际操作中，量热计与周围环境的热交换无法完全避免，它对温度测量值的影响可用雷诺（Renolds）温度校正法来校正。

校正方法如图 2-3-4 和图 2-3-5 所示。在已经绘制出的温度-时间曲线上，过 DH 的平

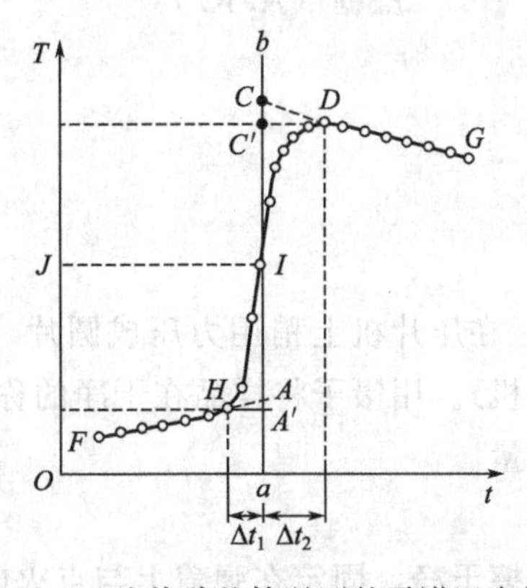

图 2-3-4 绝热稍差情况下的雷诺温度校正

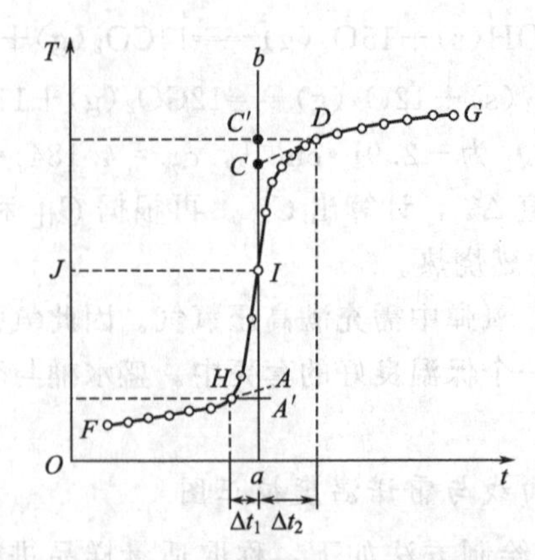

图 2-3-5　绝热良好情况下的雷诺温度校正

均值 J 点作水平线交曲线于 I，过 I 点作垂线 ab，再将 FH 线和 GD 线分别延长并交 ab 线于 A、C 两点，其间的温度差值即为经过校正的 ΔT。图中 AA' 为开始燃烧到体系温度上升至室温这一段时间 Δt_1 内，由环境辐射和搅拌引进的能量所造成的升温，故应予以扣除。CC' 是由室温升高到最高点 D 这一段时间 Δt_2 内，量热计向环境的热漏造成的温度降低，计算时必须考虑在内。故可认为，AC 两点的差值较客观地表示了样品燃烧引起的升温数值。

在某些情况下，量热计的绝热性能良好，热漏很小，而搅拌器功率较大，不断引进的能量使得曲线不出现极高温度点，如图 2-3-5 所示。

本实验采用燃烧热测定装置，每隔 30s 自动记录温度数值，并同时绘制温度-时间曲线。

三、仪器与试剂

燃烧热测定装置	氧气
充氧机	氧气钢瓶及减压阀
分析天平（d=0.0001g）	引燃专用铁丝
计算机	压片机
苯甲酸（A. R.）	蔗糖（A. R.）

四、实验步骤

1. 测定量热计的水当量

(1) 样品制作

称取 1.0g 左右的苯甲酸，在压片机上稍用力压成圆片（不能太紧，也不能太松；苯甲酸和蔗糖分别使用两个压片机）。用镊子将样品在干净的称量纸上轻击 2～3 次，除去表面粉末后再用分析天平精确称量。

(2) 装样并充氧气

拧开氧弹盖，将氧弹内壁擦干净，固定在弹盖上与点火电极下端相连的不锈钢电极更应擦干净。搁上金属样品池，小心将样品片放置在样品池中部。取一根引燃用铁丝，将中间部分紧贴在样品片的表面，两端如图 2-3-2 所示固定在点火电极上。注意，引燃用铁丝不能与金属器皿接触。旋紧氧弹盖，将充氧机与氧气钢瓶上的减压阀连接，打开钢瓶阀门，用充氧机向氧弹内充入 1.5MPa 氧气（氧气瓶和气体减压阀的使用方法参见本实验附录：高压气瓶减压阀）。

（3）测量

用盛水桶盛取自来水。将氧弹放入盛水桶中央（注意：水不能高于氧弹盖子上平面，即图 2-3-2 中黑色部分，避免与氧弹上的点火电极接触，造成短路）。把氧弹两点火电极与点火变压器连接。盖上燃烧热测定装置盖子后，将温差测量探头插入系统，待搅拌器工作 1min 后采零，并操作计算机开始绘制燃烧过程的温度-时间曲线，如图 2-3-3 所示。此时燃烧热测定装置开始工作，待温度缓慢上升稳定后，即计算机绘制出温度-时间曲线的 FH 段时，按下点火键点火。若点火成功，则可观察到温度陡然上升，即出现温度-时间曲线的 HD 段。待两次读数差值小于 0.005℃，即计算机已经绘制出温度-时间曲线的 DG 段，方可停止实验。

关闭燃烧热测定装置电源，取出温差测量探头，再取出氧弹。用放气阀放出氧弹中余气。旋开氧弹盖，检查样品是否燃烧完全，氧弹中应没有明显的燃烧残渣。若发现黑色残渣，则应重做实验。最后做完应擦干氧弹和盛水桶。

样品点燃及燃烧完全与否，是本实验的关键。

2. 蔗糖的燃烧热测定

称取 1.0g 左右的蔗糖，按上述方法进行测定。

五、 数据处理

根据苯甲酸和蔗糖燃烧过程所记录的温度数据，分别精确绘制苯甲酸和蔗糖燃烧的温度-时间关系曲线。在此基础上，分别作出苯甲酸和蔗糖燃烧的雷诺温度校正图。由 ΔT 计算量热计的水当量 $C_{计}$ 和蔗糖的恒容燃烧热 Q_V，并根据式（2-3-1b）计算其恒压燃烧热 Q_p。

六、 提问思考

1. 固体样品为什么要压成片状？
2. 在量热学的物理量测定中，还有哪些情况可能需要用到雷诺温度校正方法？

七、 注解

1. 氧弹量热计是一种较为精确的经典实验仪器，在实际生产中广泛用于测定可燃物的热值。然而，有些精密测定，需对实验用的氧气中所含氮气的燃烧值进行校正，即氧气中含氮杂质的氧化所产生的热量应从总热量中扣除。其方法是用 0.100mol·L^{-1}的 NaOH 溶液滴定洗涤氧弹内壁的蒸馏水（燃烧前预先在氧弹中加入 5mL 蒸馏水），每毫升浓度为 0.100mol·L^{-1}的 NaOH 溶液相当于 5.983J 的热值（放热）。

2. 几种物质的恒压燃烧热的文献值见表 2-3-1。

表 2-3-1 几种物质恒压燃烧热值

物质	恒压燃烧热			测定条件
	$kcal \cdot mol^{-1}$	$kJ \cdot mol^{-1}$	$J \cdot g^{-1}$	
苯甲酸	−771.24	−3226.9	−26460	$p^{\ominus}$,20℃
蔗糖	−1348.7	−5643.0	−16486	$p^{\ominus}$,25℃
萘	−1231.8	−5153.8	−40205	$p^{\ominus}$,25℃

附录 高压气瓶减压阀

在物理化学实验中，经常要用到氧气、氮气、氢气和氩气等气体。这些气体一般是储存在专用高压气体钢瓶中，使用时通过减压阀使气体压力降至实验所需范围，再经过其他控制阀细调，输入使用系统。

最常用的减压阀为氧气减压阀。

1. 氧气减压阀的工作原理

氧气减压阀的外观及工作原理见图 2-3-6 和图 2-3-7。

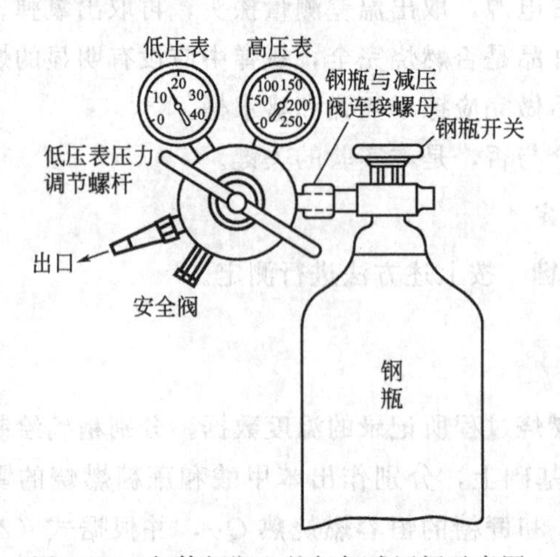

图 2-3-6 气体钢瓶上的氧气减压阀示意图

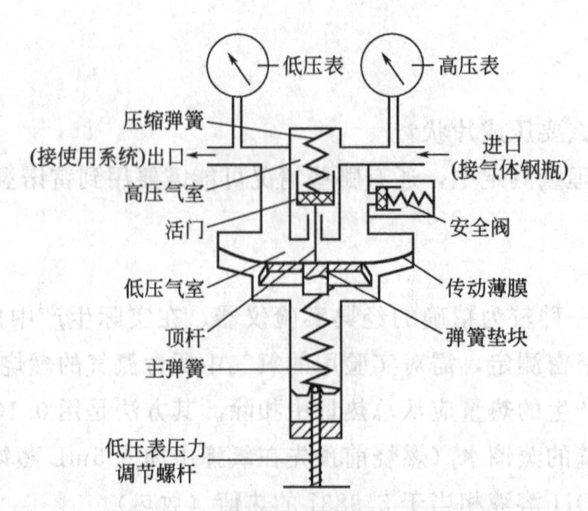

图 2-3-7 氧气减压阀工作原理示意图

氧气减压阀的高压腔与氧气瓶连接，低压腔为气体出口，通往使用系统。高压表的示值为氧气瓶内氧气的压力。低压表的出口压力可由调节螺杆控制。

使用时先打开氧气瓶总开关，然后顺时针转动低压表压力调节螺杆，使其压缩主弹簧并传动薄膜、弹簧垫块和顶杆而将活门打开。这样进口的高压气体由高压室经节流减压后进入低压室，并经出口通往工作系统。转动调节螺杆，改变活门开启的高度，从而调节高压气体的通过量并达到所需的减压压力。

减压阀都装有安全阀，它是保护减压阀安全使用的装置，也是减压阀出现故障的信号装置。如果由于活门垫、活门损坏或由于其他原因，导致出口压力自行上升并超过一定许可值时，安全阀会自动打开排气。

2. 氧气减压阀的使用方法

（1）按使用要求不同，氧气减压阀有多种规格。最高进口压力为 $150\mathrm{kgf \cdot cm^{-2}}$（约 $150\times10^5\mathrm{Pa}$），最低进口压力不小于出口压力的 2.5 倍。出口压力规格较多，一般最低出口压力为 $0\sim1\mathrm{kgf \cdot cm^{-2}}$（约 $1\times10^5\mathrm{Pa}$），最高出口压力为 $40\mathrm{kgf \cdot cm^{-2}}$（约 $40\times10^5\mathrm{Pa}$）。例如：对于燃烧热的测定实验，高压控制在 $10\mathrm{kgf \cdot cm^{-2}}$ 左右，低压控制在 $1.5\mathrm{kgf \cdot cm^{-2}}$ 左右。

（2）安装减压阀时应确定其连接规格是否与钢瓶和使用系统的接头相一致。减压阀与钢瓶采用半球面连接，靠旋紧螺母来使其完全吻合。因此，在使用时应保持该两个半球面的光洁，以确保良好的气密效果。安装前可用高压气体吹除灰尘。必要时也可用聚四氟乙烯等材料作垫圈。

（3）氧气减压阀应严禁接触油脂，以免发生火灾事故。

（4）停止工作时，应先将氧气瓶总开关关紧，然后将减压阀中余气放净，最后拧松调节螺杆，以免弹性元件长久受压变形。

（5）减压阀应避免撞击振动，不可与腐蚀性物质相接触。

3. 其他气体减压阀

有些气体，例如氮气、空气、氩气等永久性气体，可以采用氧气减压阀，但还有一些气体，如氨气等腐蚀性气体，则需要专用减压阀。目前常见的有氮气、空气、氢气、氨气、乙炔、丙烷和水蒸气等专用减压阀。

这些减压阀的使用方法及注意事项与氧气减压阀基本相同。但必须指出：第一，专用减压阀一般不用于其他气体；第二，为了防止误用，有些专用减压阀与钢瓶之间采用特殊连接口，例如，氢气和丙烷采用左牙纹，也称反向螺纹，安装时都应特别注意。

实验四　液体饱和蒸气压测定

一、 目的与要求

1. 用等压计测定不同温度下乙酸乙酯的饱和蒸气压。

2. 掌握真空泵、数字压力计的使用方法。

3. 在实验温度范围内，求出所测乙酸乙酯平均摩尔汽化热与其正常沸点。

二、 基本原理

在一定温度下，纯液体与其蒸气处于平衡状态时气相的蒸气压，称为该温度下液体的饱和蒸气压。在某一温度下，被测液体处于密闭真空容器中，液体分子从表面逃逸变成蒸气，同时蒸气分子因碰撞而凝结成液体，当两者的速率相等时，就达到了动态平衡。此时气相中的蒸气密度不再改变，因而具有一定的饱和蒸气压。

纯液体的饱和蒸气压随温度变化而改变，若将气相视为理想气体，蒸气压与温度的关系可用克劳修斯-克拉佩龙（Clausius-Clapeyron）方程式表示：

$$\frac{\mathrm{d}\ln p}{\mathrm{d}T}=\frac{\Delta_{\mathrm{vap}}H_{\mathrm{m}}}{RT^2} \tag{2-4-1}$$

式中 $\Delta_{\mathrm{vap}}H_{\mathrm{m}}$——液体摩尔汽化热，如果温度的变化范围不大，$\Delta_{\mathrm{vap}}H_{\mathrm{m}}$ 视为常数，可当作平均摩尔汽化热，$\mathrm{J\cdot mol^{-1}}$；

p——纯液体在温度 T 时的饱和蒸气压，Pa；

T——热力学温度，K。

将式（2-4-1）积分得：

$$\ln p=\frac{-\Delta_{\mathrm{vap}}H_{\mathrm{m}}}{RT}+C \tag{2-4-2}$$

式中，C 为积分常数，与压力 p 的单位有关。

由式（2-4-2）可知，在一定的温度范围内，测定不同温度下的饱和蒸气压，以 $\ln p$ 对 $1/T$ 作图，可得一直线。由该直线的斜率可求得实验温度范围内液体的平均摩尔汽化热 $\Delta_{\mathrm{vap}}H_{\mathrm{m}}$。当外压为 100kPa 时，液体的饱和蒸气压与外压相等时的温度称为该液体的正常沸点。从图中也可求得其正常沸点。

测定饱和蒸气压常用的方法有动态法、静态法和饱和气流法等。本实验采用静态法，即使用等压计来直接测量液体在不同温度下的饱和蒸气压。

等压计是由相互连通的三管组成，如图 2-4-1 所示。a 管内盛被测液体，c 管上部接冷

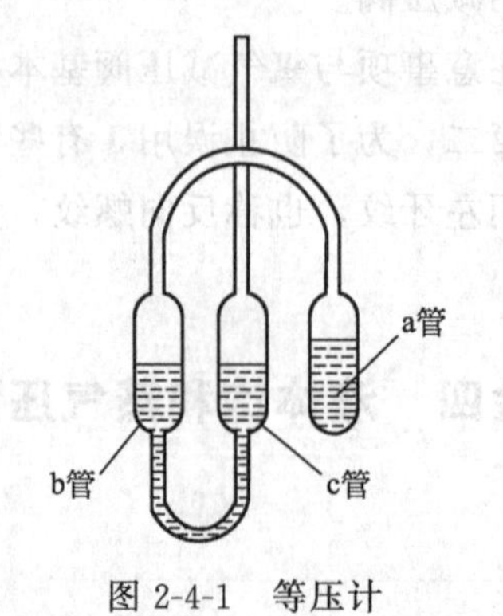

图 2-4-1　等压计

凝管并与压力计和真空系统相通（装置连接见图 2-4-2）。a 管中液体沸腾后，冷凝液在 b、c 管下部 U 形管形成液封，a、b 管上部的压力即为待测液体的饱和蒸气压。当 b、c 管液面相平时，b 管上部与 c 管上部压力相等，可由真空计读出相对压力，并据此计算该温度下待测液体的饱和蒸气压。

三、仪器与试剂

等压计	SYP-Ⅲ玻璃恒温水槽
不锈钢缓冲储气罐	真空泵
温度计	DP-AF 精密数字压力计
冷凝管	乙酸乙酯（A. R.）

四、实验步骤

(1) 在等压计中装入乙酸乙酯，并使其在 a、b、c 管中合理分布。注意：测量时等压计的 a、b、c 管（包括 a、b 之间的连接管）应完全浸入恒温水中。

(2) 调节恒温水浴至第一个设定温度（例如 35℃），读取并记录此时的大气压值。

(3) 参照图 2-4-2，熟悉实验装置，掌握真空泵、数字压力计、恒温水槽的操作使用方法和注意事项。

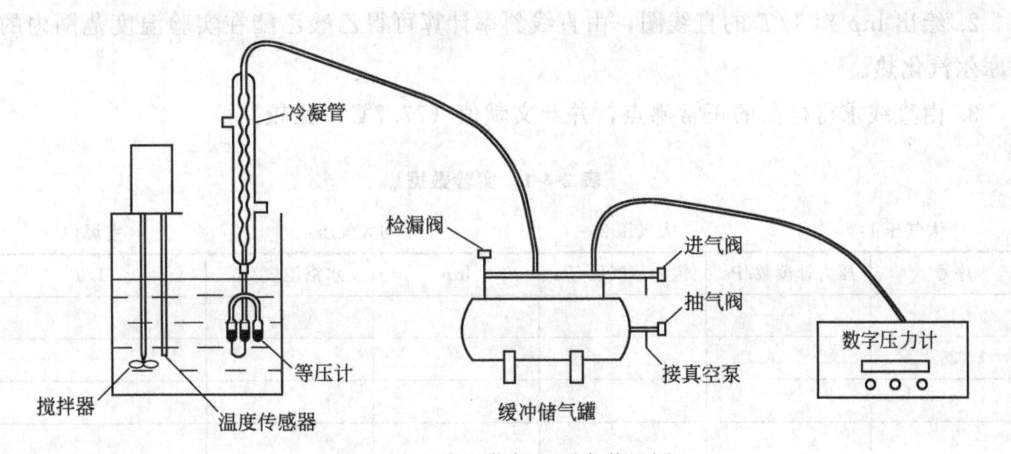

图 2-4-2 饱和蒸气压测定装置图

(4) 装置系统检漏：启动真空泵前，先把真空泵与缓冲储气罐的抽气阀连接。将进气阀关闭，抽气阀和检漏阀打开。启动真空泵抽气，此时，真空泵与系统相通并开始减压。至数字压力计示数为－60～－50kPa，即为缓冲储气罐中相对压力值。关闭抽气阀，停止真空泵工作。观察数字压力计上的数值变化，若改变值在标准范围内（小于 0.01kPa·s^{-1}），说明整体气密性良好。

(5) 待温度稳定后，打开缓冲储气罐所有阀门，使系统完全与大气相通，将数字压力计采零。启动真空泵电源，关闭进气阀，使系统减压抽气。等压计 a 管中液体内溶解的空气和等压计 a、b 管之间的空气通过等压计 b、c 管之间的液体呈气泡溢出。同时观察数字压力计的示数变化。保持缓慢减压，通过调节进气阀控制抽气速度，当等压计 b、c 管之间的液体有规律地匀速溢出，说明 a、b 管中的空气被赶净。

(6) 保持步骤 (5) 抽气几分钟，然后关闭抽气阀。缓慢打开进气阀，使空气缓慢进入系统，直至等压计 b、c 管中的液面达同一水平位置，从数字压力计上读取压力值。重复之前操作，即再抽气，再调节等压计 b、c 管中的液面达同一水平，再从数字压力计上读取压力值。相邻两次的压力值相同或相差很小，则表示等压计 a、b 管上部空间完全被乙酸乙酯的蒸气充满。记录此温度下的压力值。

(7) 调节恒温水浴升高温度约 4℃，重复步骤(6)共取得 8 组左右的压力值数据。根据乙酸乙酯的沸点，水浴最高温度不宜超过 70℃。

(8) 实验结束时，再次读取并记录此时的大气压值。

特别注意：实验开始后无须关闭真空泵。实验结束关闭真空泵时，真空泵与系统相通，系统处于真空状态，必须先开进气阀，使系统与大气相通，待系统压力与大气压一致再关闭真空泵电源。否则，若真空泵与系统相通时关闭真空泵电源，真空泵中的水会被倒吸到测量系统中。

五、 数据处理

1. 按表 2-4-1 记录实验数据。

2. 绘出 $\ln p$ 对 $1/T$ 的直线图，由直线斜率计算可得乙酸乙酯在实验温度范围内的平均摩尔汽化热。

3. 由直线求得样品的正常沸点，并与文献值（77.7℃）比较。

表 2-4-1 实验数据

大气压 1:　　大气压 2:　　平均大气压:　　室温:

序号	压力计读数/Pa	饱和蒸气压/Pa	$\ln p$	水浴温度/K	$1/T$
1					
2					
3					
4					
5					
6					
7					
8					

六、 提问思考

1. 实验装置中缓冲罐的作用是什么？

2. 为什么要防止空气倒灌？如何判断等压计中空气已经驱除干净？

七、 注解

1. 本实验数据处理较为繁复，可用计算机拟合处理，并与上述作图计算所得结果进行比较。

2. 实验注意事项

(1) 缓冲储气罐的进气阀与大气相通，抽气阀与真空泵相通。

(2) 当真空泵与系统相通进行减压抽气时，压力计值降到一定程度不再下降，可能是气体通路有堵塞或漏气。

(3) 升温速率不宜太快，一般控制在 0.5℃/min 左右。等压计内外热量传递速度导致温度改变滞后，速度过快可能会造成被测体系实际温度偏离平衡温度。

(4) 在整个实验过程中，压力调节操作速度不宜过快。既要注意防止压力过大，等压计 b、c 管中的液柱进入 a 管，产生空气倒灌；还要防止压力过低，造成液体剧烈沸腾，使得 a 管液体量减少。为避免出现空气倒灌，在每次读取平衡压力数据后，应缓慢抽气减压。为避免液体沸腾过于剧烈，升温过程要缓慢进气增加压力，保持 b、c 管液面基本持平。

附录 DP-AF 精密数字压力计

1. 特点

DP-AF 精密数字压力计是低真空检测仪表，即真空计，适用于负压测量及饱和蒸气压测定实验，可替代 U 形水银压力计。

采用 CPU 对压力传感器进行非线性补偿和零位自动校正，保证了仪表较高的准确度，操作简单，显示直观、清晰，彻底消除了 U 形水银压力计的汞污染。

该仪器的压力传感器和二次仪表为一体，用 ϕ4.5～6mm 内径的真空橡胶管将仪表后盖板的压力传感器接口与被测系统连接。

2. 操作

(1) 将仪表后盖板的电源插座与 220V 电源连接，打开电源开关，此时仪表处于初始状态，预热 2min。

(2) 预压及气密性检查

缓慢加压至满量程，观察数字压力表显示值的变化情况，若 1min 内显示值稳定，说明传感器及其检测系统无泄漏。确认无泄漏后，泄压至零，并在全量程反复预压 2～3 次，方可正式测试。

(3) 采零

在测试前必须按一下“采零”键。泄压至零，使压力传感器通大气，按一下“采零”键，使仪表自动扣除传感器零压力值，以消除仪表系统的零点漂移，此时，LED 显示“0000”，保证测试时显示值为被测介质的实际压力值。

注意：尽管仪表作出了精细的零点补偿，但因传感器本身固有的漂移（如时漂）是无法处理的，因此，每次测试前都必须进行采零操作，以保证所测压力值的准确度。

（4）测试

仪表采零后接通被测量系统，此时仪表显示被测系统的压力值。注意测量值单位选择。接通电源，初始状态“kPa”指示灯亮，LED显示以kPa为计量单位的压力值；按一下“单位”键“mmH_2O”或“mmHg”指示灯亮，LED显示以mmH_2O或mmHg为计量单位的压力值。

（5）关机

先将被测系统泄压后，再关掉电源开关。

（6）复位

按下“复位”键，可重新启动CPU，仪表即可返回初始状态，一般用于死机时，在正常测试中，不应按此键。

第二节　电化学

实验五　电导法测难溶盐的溶解度

一、目的与要求

1. 掌握电导法测定难溶盐溶解度的原理和方法。
2. 加深对溶液电导概念的理解及电导率测定应用的了解。
3. 测定$BaSO_4$在25℃时的溶解度。
4. 了解温度对溶液电导率的影响。

二、基本原理

难溶盐如$BaSO_4$、$PbSO_4$、AgCl等在水中的溶解度小，用一般的分析方法很难精确测定其溶解度。但难溶盐在水中微量溶解部分是完全电离的，因此，常用测定其饱和溶液的电导率来计算其溶解度。

1. 电导率 κ

$$\kappa=\frac{1}{\rho} \tag{2-5-1}$$

式中　ρ——电解质溶液的电阻率，$\Omega\cdot m$。

面积为$1m^2$的两个平行电极于电解质溶液中，两电极间距离为1m时的电导为该溶液的电导率，单位为$S\cdot m^{-1}$。

难溶盐溶液的电导率：

$$\kappa_{溶液}=\kappa_{水}+\kappa_{盐} \tag{2-5-2}$$

2. 摩尔电导率 Λ_m

$$\Lambda_m=\frac{\kappa}{c} \tag{2-5-3}$$

部分难溶盐的 Λ_m 可从第四章附录七获得，κ 使用电导率仪测得，c 便可从上式求得。

难溶盐的溶解度很小，其饱和溶液可视为无限稀释溶液，饱和溶液的摩尔电导率 Λ_m 与无限稀释溶液中的摩尔电导率 Λ_m^∞ 近似相等，即 $\Lambda_m \approx \Lambda_m^\infty$。$\Lambda_m^\infty$ 可根据科尔劳奇（Kohlrausch）离子独立运动定律，由无限稀释离子摩尔电导率相加而得。

3. 离子独立运动定律

$$\Lambda_m^\infty=\nu_+\Lambda_{m,+}^\infty+\nu_-\Lambda_{m,-}^\infty \tag{2-5-4}$$

式中　$\Lambda_{m,+}^\infty$、$\Lambda_{m,-}^\infty$——正、负离子无限稀释时的摩尔电导率，$S \cdot m^2 \cdot mol^{-1}$；

ν_+、ν_-——正、负离子价数。

例如，难溶盐 $BaSO_4$：

$$\Lambda_m^\infty(\frac{1}{2}BaSO_4)=\Lambda_m^\infty(\frac{1}{2}Ba^{2+})+\Lambda_m^\infty(\frac{1}{2}SO_4^{2-})$$

$$\Lambda_m^\infty(BaSO_4)=2\Lambda_m^\infty(\frac{1}{2}BaSO_4)$$

测定溶液后，还必须同时测出配制溶液所用水的电导率 $\kappa_水$，才能根据式（2-5-2）求得 κ_{BaSO_4}。所以：

$$c(BaSO_4)=\frac{\kappa(BaSO_4)}{\Lambda_m^\infty(BaSO_4)}$$

又因为 $BaSO_4$ 的质量摩尔浓度：$m(BaSO_4)=\frac{c(BaSO_4)}{\rho(H_2O)}$[$\rho(H_2O)$为水的密度]

$BaSO_4$ 的溶解度：　$s(BaSO_4)=m(BaSO_4)M(BaSO_4)$

电导率与温度、电解质在水中的解离度以及水本身的解离度等因素有关。随着温度的升高，溶液的黏度减小，离子在移动扩散时受到的水分子的阻力减小，离子迁移速度加快，因此溶液的电导率增大，即溶液的浓度一定时，它的电导率随着温度的升高而增加，其增加的幅度约为每摄氏度2%。同一类电解质浓度不同时，它的温度系数也不相同。在低温稀溶液中，电导率和温度之间的关系可用下式表示：

$$\kappa_t=\kappa_{25}[1+\alpha(t-25℃)] \tag{2-5-5}$$

式中　t——溶液温度，℃；

κ_t——t 温度下溶液的电导率；

κ_{25}——25℃下溶液的电导率；

α——温度系数。

一般情况下，盐类溶液的 α 在 0.020～0.025℃$^{-1}$范围内，酸、碱类溶液的 α 在 0.015～0.020℃$^{-1}$范围内，纯水的 α 在 0.020～0.060℃$^{-1}$范围内。

关于电导率的测量方法参见本实验附录：电导率仪。

三、 仪器与试剂

恒温槽　　　　　　　　电导水、直饮水、去离子水、自来水
电导率仪　　　　　　　$BaSO_4$（G. R.）
带盖塑料瓶　　　　　　玻璃棒
烧杯

四、 实验步骤

（1）调节恒温槽温度在（25±0.2）℃；同时开启电导率仪恒温 30min。

（2）制备 $BaSO_4$ 饱和溶液：在干净的大烧杯中加入少量 $BaSO_4$，用电导水至少洗三次，以除去可溶性杂质，每次洗涤需用玻璃棒搅拌，待溶液澄清后，倾去溶液再用测过电导率的电导水溶解 $BaSO_4$，使之成为饱和溶液，静置 15min 后，取上部澄清溶液分别装入三个塑料瓶中，并在（25±0.2）℃恒温槽内恒温 20min。

（3）测定水的电导率 $\kappa_{水}$：用电导水洗涤电极及三个干净的小烧杯，在小烧杯中装入电导水，放入（25±0.2）℃恒温槽，恒温后测定水的电导率 $\kappa_{水}$（若室温在 25℃左右，不需要恒温）。测量三次，取平均值。

（4）测定饱和 $BaSO_4$ 溶液的电导率 $\kappa_{溶液}$：用少量 $BaSO_4$ 饱和溶液洗涤电导电极三次，再将电导电极插入恒温过的 $BaSO_4$ 饱和溶液的塑料瓶中，测定 $\kappa_{溶液}$。测量三次，取平均值。

（5）依次测定 25℃、28℃、31℃、34℃、39℃下电导水、直饮水、去离子水、自来水的电导率值，分析温度对电导率的影响。

（6）实验完毕，洗净塑料瓶、电极，将电极浸入蒸馏水中保存。

五、 数据处理

1. 记录实验数据于表 2-5-1 中。

表 2-5-1　实验数据

项目	一	二	三	平均值
$\kappa_{水}/S\cdot m^{-1}$				
$\kappa_{溶液}/S\cdot m^{-1}$				

2. 由式（2-5-2）求得 κ_{BaSO_4}。

3. 由第四章附录七查得 $\frac{1}{2}Ba^{2+}$ 和 $\frac{1}{2}SO_4^{2-}$ 在 25℃的无限稀释摩尔电导率，计算 $\Lambda_m^{\infty}(BaSO_4)$。

4. 由式（2-5-3）计算 $BaSO_4$ 的浓度 $c(mol\cdot dm^{-3})$，并换算为 $m(mol\cdot kg^{-1})$ 及溶解度 s。因溶液极稀，设溶液密度近似等于水的密度。

5. 按表 2-5-2 记录不同温度下的电导率值，并绘制电导水的电导率随温度的变化曲线。

表 2-5-2 实验数据

温度	25℃				28℃				31℃				34℃				39℃			
编号	1	2	3	$\bar{\kappa}$	1	2	3	$\bar{\kappa}$	1	2	3	$\bar{\kappa}$	1	2	3	$\bar{\kappa}$	1	2	3	$\bar{\kappa}$
电导水																				
直饮水																				
去离子水																				
自来水																				

六、 提问思考

1. 根据不同水样的电导率测定结果，可以反映什么问题？

2. 请设计 $BaSO_4$ 在 30℃下的溶解度测定实验。

七、 注解

1. 制备饱和溶液时，一定要将可溶性盐洗净。取溶液测量电导率时要取澄清溶液。

2. 测定溶液电导率时，一定要用待测溶液洗涤塑料瓶及电极，以保证浓度的准确。并注意恒温，一般需恒温 15～20min。

3. 测定电导率时，电极应浸入液面下，不使用时应浸入蒸馏水中，以免干燥后难以洗净铂吸附的杂质，又可避免干燥电极插入溶液时，因表面的不完全浸润引起小气泡，使表面状态不稳定而影响测定结果。

4. 本实验中用现制的蒸馏水作为电导水使用，电导水的电导率标准参考值为 1.5 $\mu S \cdot cm^{-1}$。

5. 鉴于温度对电导率有较大影响，在实际测量时必须加入温度补偿。大多数电导率仪都具有温度补偿功能，但需要注意的是，同一溶液的电导率温度系数 α 在不同的温度段也不相同，因此，选用具有非线性自动温度补偿功能的电导率仪，温度补偿的效果会比较好。

附录 电导率仪

1. 概述

DDS-307 型电导率仪（以下简称仪器）是实验室测量水溶液电导率必备的仪器，它广泛地应用于石油化工、生物医药、污水处理、环境监测、矿山冶炼等行业及大专院校和科研单位。若配用适当常数的电导电极，还可用于测量电子半导体、核能工业和电厂纯水或超纯水的电导率。

仪器的主要特点如下：

(1) 仪器采用 $3\frac{1}{2}$ 位半 LED 数码管显示，显示清晰，测量精度高；

(2) 具有电导电极常数补偿功能；

(3) 具有溶液的手动温度补偿功能；

(4) 具有 0～10mV 信号输出。

2. 仪器结构

DDS-307 型电导率仪示意图见图 2-5-1。

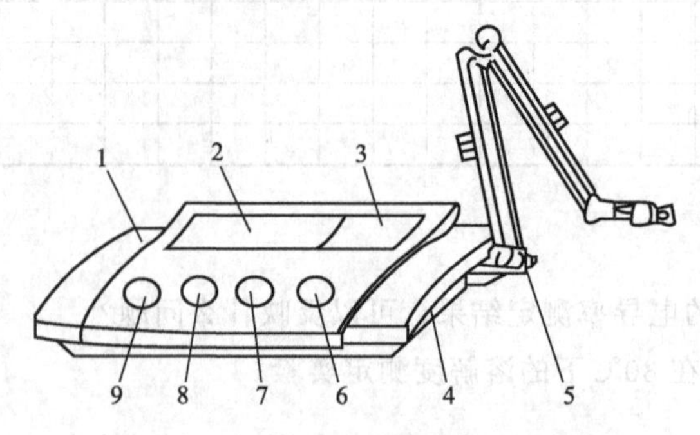

图 2-5-1 DDS-307 型电导率仪示意图

1—机箱盖；2—显示屏；3—面板；4—机箱底；5—多功能电极架；6—温度补偿调节旋钮；7—校准调节旋钮；8—常数补偿调节旋钮；9—量程选择开关旋钮

3. 使用方法

接通电源，开机预热 30min 后，进行校准。注意仪器必须有良好的接地。

(1) 校准

仪器使用前必须进行校准。

将“选择”开关“9”指向“检查”，“常数”补偿调节旋钮“8”指向“1”刻度线，“温度”补偿调节旋钮“6”指向“25”刻度，调节“校准”调节旋钮“7”，使仪器显示“100.0” $\mu S \cdot cm^{-1}$，至此校准完毕。

(2) 测量

① 在电导率测量过程中，正确选择电导电极常数，对获得较高的测量精度是非常重要的。应根据测量范围（参照表 2-5-3）选择相应常数的电导电极。

表 2-5-3 电导率测量范围及对应的电导电极

测量范围/$\mu S \cdot cm^{-1}$	推荐使用的电导电极常数
0～2	0.01,0.1
0～200	0.1,1.0
200～2000	1.0
2000～20000	1.0,10
20000～100000	10

注：对常数为 1.0、10 类型的电导电极有“光亮”和“铂黑”两种形式，镀铂电极习惯上称作铂黑电极，对光亮电极其测量范围以 0～300$\mu S \cdot cm^{-1}$为宜。

② 电导电极常数的设置方法　目前电导电极有电极常数为 0.01、0.1、1.0 和 10 四种不同类型，但每种类型电极具体的电极常数值，制造厂均粘贴在每支电导电极上，根据电极上所标的电极常数值调节仪器面板“常数”补偿调节旋钮“8”到相应的位置，即按电极上所标电极常数确定电导率仪上的电导电极常数（电导池常数），例如：在测定难溶

盐 $BaSO_4$ 的电导率时，电导电极常数为 1.0。

③ 温度补偿的设置　调节仪器面板上“温度”补偿调节旋钮“6”，使其指向待测溶液的实际温度值，此时，测量得到的将是待测溶液经过温度补偿后折算为 25℃下的电导率值。

④ 常数、温度补偿设置完毕，应将“选择”开关“9”按表 2-5-4 置于合适位置。当测量过程中显示值熄灭时，说明测量超出量程范围，此时，应切换开关“9”至上一挡量程。

表 2-5-4　挡位、量程与电导率值的关系

序号	选择开关位置	量程范围/$\mu S\cdot cm^{-1}$	被测电导率/$\mu S\cdot cm^{-1}$
1	Ⅰ	0～20.0	显示数值×C
2	Ⅱ	20.0～200.0	显示数值×C
3	Ⅲ	200.0～2000	显示数值×C
4	Ⅳ	2000～20000	显示数值×C

注：C 为电导电极常数值。

例：当电导电极常数为 0.01 时，$C=0.01$；当电导电极常数为 0.1 时，$C=0.1$；当电导电极常数为 1.0 时，$C=1.0$；当电导电极常数为 10 时，$C=10$。

4. 注意事项

(1) 在测量高纯水时应避免污染，正确选择电极常数的电导电极并最好采用密封、流动的测量方式。

(2) 因温度是采用固定的 2%温度系数补偿的，故对高纯水测量尽量采用不补偿方式进行测量，然后查表。

(3) 为确保测量精度，电极使用前应用小于 $1.5\mu S\cdot cm^{-1}$ 的去离子水（或蒸馏水）冲洗两次，然后用被测试样冲洗后方可测量。

(4) 电极插座应防止受潮，以免造成不必要的测量误差。

(5) 电极应定期进行常数标定。

5. 电导电极的清洗与储存

(1) 电导电极的清洗与储存：光亮的铂电极，必须储存在干燥的地方；镀铂黑的铂电极不允许干放，必须储存在蒸馏水中。

(2) 电导电极的清洗

① 用含有洗涤剂的温水清洗电极上有机成分污垢，或用酒精清洗。

② 钙、镁沉淀物最好用 10%柠檬酸清洗。

③ 光亮的铂电极，可以用软刷子进行机械清洗。但在电极表面不可以产生刻痕，不可使用螺丝刀等清除电极表面，甚至在用软刷子机械清洗时也需要特别注意。

④ 对于镀铂黑的铂电极，只能用化学方法清洗，用软刷子机械清洗时会破坏电极表

面的镀层（铂黑），用化学方法清洗可能使被损坏或被轻度污染的铂黑层再生。

实验六　电动势法测定化学反应的 $\Delta_r G_m$、 $\Delta_r H_m$、 $\Delta_r S_m$

一、 目的与要求

1. 学习可逆电池电动势的测量原理及电位差计的使用。
2. 掌握电动势法测定化学反应热力学函数值的原理和方法。

二、 基本原理

在恒温、恒压、可逆条件下，电池反应的 $\Delta_r G_m$ 与电动势的关系如下：

$$\Delta_r G_m = -nEF \tag{2-6-1}$$

式中　n——电池反应得失电子数；

E——电池的电动势，V；

F——法拉第常数。

根据吉布斯-亥姆霍兹（Gibbs-Helmholtz）公式

$$\Delta_r G_m = \Delta_r H_m + T\left(\frac{\partial \Delta_r G_m}{\partial T}\right)_p \tag{2-6-2}$$

又：
$$\Delta_r G_m = \Delta_r H_m - T\Delta_r S_m \tag{2-6-3}$$

由上面两式得：
$$\Delta_r S_m = -\left(\frac{\partial \Delta_r G_m}{\partial T}\right)_p \tag{2-6-4}$$

将式（2-6-1）代入式（2-6-4）得：$\Delta_r S_m = nF\left(\frac{\partial E}{\partial T}\right)_p$　(2-6-5)

式中，$\left(\frac{\partial E}{\partial T}\right)_p$ 称为电池电动势的温度系数。

将式（2-6-5）代入式（2-6-3），变换后可得：

$$\Delta_r H_m = \Delta_r G_m + T\Delta_r S_m = -nEF + nTF\left(\frac{\partial E}{\partial T}\right)_p \tag{2-6-6}$$

因此，在恒定压力下，测得不同温度下可逆电池的电动势，以电动势 E 对温度 T 作图，从曲线上可以求得任一温度下的 $\left(\frac{\partial E}{\partial T}\right)_p$，用式（2-6-1）、式（2-6-5）和式（2-6-6）计算电池反应的热力学函数 $\Delta_r G_m$、$\Delta_r S_m$ 和 $\Delta_r H_m$。

本实验测定下面反应的热力学函数：

$$\underset{\text{醌（Q）}}{C_6H_4O_2} + 2HCl + 2Hg \xlongequal{} Hg_2Cl_2 + \underset{\text{对苯二酚}}{C_6H_4(OH)_2}$$

醌氢醌是等分子的醌（Q）和氢醌（对苯二酚，H_2Q）所形成的化合物，在水中依下式分解：

$$C_6H_4O_2 \cdot C_6H_4(OH)_2 \longrightarrow C_6H_4O_2(\text{醌}) + C_6H_4(OH)_2(\text{氢醌})$$

醌氢醌在水中溶解度很小，加少许即可达饱和，在此溶液中插入一光亮铂电极即组成醌氢醌电极。再插入甘汞电极，即组成电池。

用饱和甘汞电极与醌氢醌电极将上述化学反应组成电池：

$$Hg(l)|Hg_2Cl_2(s)|KCl(\text{饱和})||H^+, C_6H_4(OH)_2, C_6H_4O_2|Pt$$

电池中电极反应为：

$$2Hg + 2Cl^- - 2e^- \longrightarrow Hg_2Cl_2$$

$$C_6H_4O_2 + 2H^+ + 2e^- \longrightarrow C_6H_4(OH)_2$$

总之，测得该电池电动势的温度系数，即可计算电池反应的 $\Delta_r G_m$、$\Delta_r S_m$、$\Delta_r H_m$。

三、 仪器与试剂

超级恒温槽	SDC-Ⅱ$_B$ 数字电位差计
双层三口瓶	温度计（0.1℃）
铂电极	饱和甘汞电极
Na_2HPO_4 溶液（$0.2mol \cdot L^{-1}$）	柠檬酸溶液（$0.1mol \cdot L^{-1}$）
醌氢醌（A. R.）	KCl（A. R.）
玻璃棒	

四、 实验步骤

（1）预习对消法测量电池电动势的原理，熟悉 SDC-Ⅱ$_B$ 数字电位差计的操作（使用方法参见本实验附录：数字电位差计）。

（2）打开超级恒温槽，调节温度至设定温度（比室温高 2～3℃）。

（3）组合电池：量取 15mL、$0.2mol \cdot L^{-1}$ 的 Na_2HPO_4 和 35mL、$0.1mol \cdot L^{-1}$ 的柠檬酸倒入烧杯中，加入适量醌氢醌使其饱和。注意在加入醌氢醌时，应每次少量，多次加入（总量约 100mg），充分搅拌。搅拌均匀后装入可通恒温水的双层三口瓶内，插入铂电极和甘汞电极，如图 2-6-1 所示，即组成了电池。

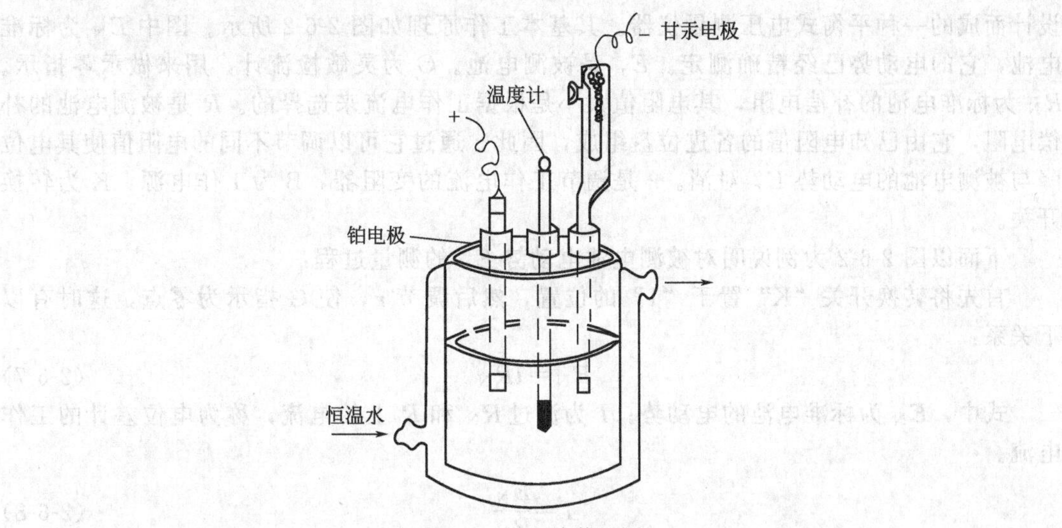

图 2-6-1 电池装置图

(4) 恒温 20min，用数字电位差计测定该电池的电动势，测量三次以上，各次测定之差应小于 0.0002V，并取平均值。

(5) 改变实验温度，温度由双层三口瓶中的温度计读出。第一个温度应控制在比室温高 2～3℃，以后每次升高约 5℃，每次均需恒温 20min 后再进行电动势测定，这样测定结果较稳定。

(6) 共测定五个不同温度下的电动势。

五、 数据处理

1. 记录室温、大气压、电池在不同温度 T 时电动势 E 的各次测定值。
2. 以 E 对 T 作图，求 $T=298\text{K}$ 时的斜率。
3. 计算 298K 时各反应的热力学函数 $\Delta_r G_m$、$\Delta_r S_m$、$\Delta_r H_m$。

六、 提问思考

1. 用本实验中的方法测定电池反应热力学函数时，为什么要求电池内进行的化学反应是可逆的?
2. 能用于设计电池的化学反应，应具备什么条件?

七、 注解

1. 在测定电池电动势的温度系数时，一定要使体系达到热平衡，恒温时间至少 20min。
2. 在等待升温的过程中，应将数字电位差计的“调零/测量”选择旋钮置于“调零”位置。

附录 数字电位差计

1. 电位差计工作原理

电位差计是根据对消法测量原理，由被测电池电动势与标准电池电动势相比较的方法设计而成的一种平衡式电压测量仪器。其基本工作原理如图 2-6-2 所示。图中 E_N 为标准电池，它的电动势已经精确测定。E_x 是被测电池。G 为灵敏检流计，用来做示零指示。R_N 为标准电池的补偿电阻，其电阻值大小是根据工作电流来选择的。R 是被测电池的补偿电阻，它由已知电阻值的各进位盘组成，因此，通过它可以调节不同的电阻值使其电位降与被测电池的电动势 E_x 对消。r 是调节工作电流的变阻器，B 为工作电源，K 为转换开关。

下面以图 2-6-2 为例说明对被测电池电动势 E_x 的测量过程：

首先将转换开关“K”置于“1”的位置，然后调节 r，使 G 指示为零点，这时有以下关系：

$$E_N = IR_N \tag{2-6-7}$$

式中，E_N 为标准电池的电动势；I 为流过 R_N 和 R 上的电流，称为电位差计的工作电流。

$$I = \frac{E_N}{R_N} \tag{2-6-8}$$

工作电流调节好后，将“K”置于“2”的位置，同时旋转各进位盘的触头 A，再次

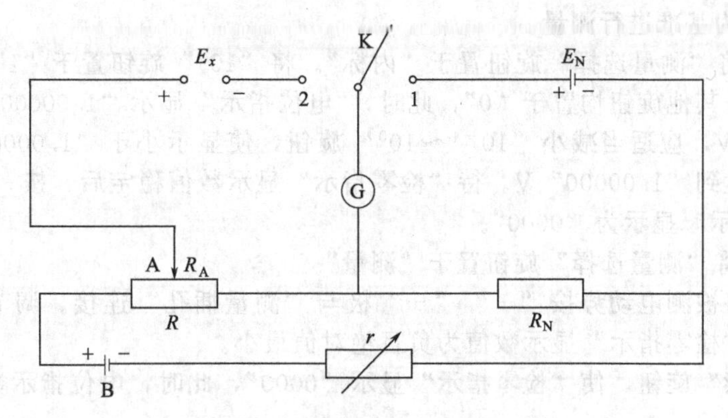

图 2-6-2 电位差计工作原理示意图

使G指示零点。设A处的电阻值为R_A，则有

$$E_x = IR_A \tag{2-6-9}$$

结合式（2-6-8），因此有：

$$E_x = E_N \frac{R_A}{R_N} \tag{2-6-10}$$

由此可知，标准电池电动势E_N和标准电池电动势的补偿电阻R_N数值确定时，只要正确读出R_A的值，就能正确测出未知电池电动势E_x。换句话说，用对消法测量电池电动势，不需要测出线路中所通过电流I的数值，而只需测得R_A与R_N的比值即可。

2. SDC-Ⅱ$_B$型数字电位差计

数字电子电位差计是近年来数字电子技术发展的产物。由于其测量精度高、装置简单和读数直观等特点，将逐渐替代传统的电位差计。SDC-Ⅱ$_B$型数字电位差计（图2-6-3）可将普通电位差计、检流计、标准电池和电源合为一体，保留原有电位差计的测量结构，既保留了原普通电位差计高准确度的优点，又克服了原普通电位差计测量电动势烦琐、设备操作复杂等缺点，可广泛用于测量电动势的各种场合。

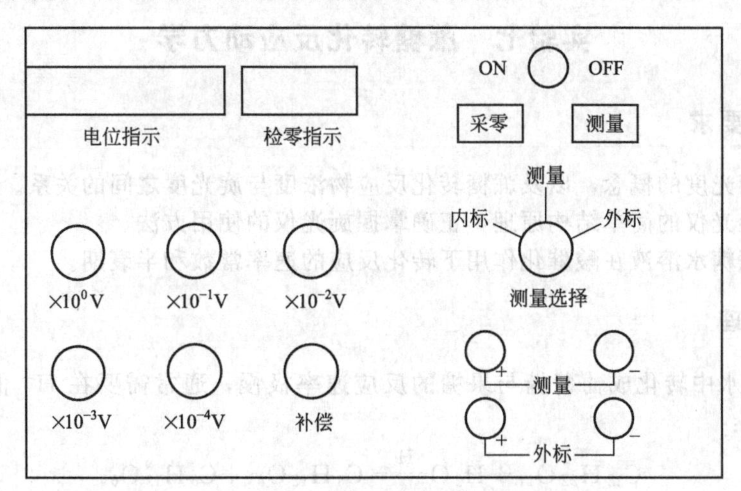

图 2-6-3 SDC-Ⅱ$_B$型数字电位差计面板示意图

（1）使用方法

① 开机，预热15min。

② 以内标为基准进行测量。

a. 校验　将“测量选择”旋钮置于“内标”。将“10^0”旋钮置于“1”，“补偿”旋钮逆时针旋到底，其他旋钮均置于“0”，此时，“电位指示”显示“1.00000”V，若显示大于“1.00000”V，应适当减小“$10^{-4}\sim10^0$”旋钮，使显示小于“1.00000”V，再调节补偿电位器以达到“1.00000”V。待“检零指示”显示数值稳定后，按一下“采零”键，此时，“检零指示”显示为“0000”。

b. 测量　将“测量选择”旋钮置于“测量”。

用测试线将被测电动势按“＋”“－”极与“测量插孔”连接。调节“$10^{-4}\sim10^0$”五个旋钮，使“检零指示”显示数值为负且绝对值最小。

调节“补偿”旋钮，使“检零指示”显示“0000”，此时，电位指示数值，即为被测电动势的值。

(2) 注意事项

① 仪器的“采零”键只在“内标”或“外标”情况下起作用，在“测量”状态时不起作用。

② 本仪器采用对称漂移抵消原理，内部电路已调试完毕，不应随意拆开仪器，更不能随意调试电路。

③ 本仪器用于微弱信号检测，为保证仪器测量精度，电源应用三相插座，且地线与大地相接。

④ 本仪器采用微处理器对信号进行处理和状态控制。使用过程中若电源波动过大，有可能会出现仪器显示紊乱，或调节旋钮数值无变化，此时仪器出现死机，将电源重新开启，即可恢复正常工作。

第三节　反应动力学

实验七　蔗糖转化反应动力学

一、 目的与要求

1. 了解旋光度的概念，以及蔗糖转化反应物浓度与旋光度之间的关系。
2. 了解旋光仪的简单结构原理，正确掌握旋光仪的使用方法。
3. 测定蔗糖水溶液在酸催化作用下转化反应的速率常数和半衰期。

二、 基本原理

蔗糖在纯水中转化成葡萄糖与果糖的反应速率极慢，通常需要在 H^+ 催化作用下进行，其反应为：

$$\underset{\text{蔗糖(A)}}{C_{12}H_{22}O_{11}} + H_2O \xlongequal{H^+} \underset{\text{葡萄糖(B)}}{C_6H_{12}O_6} + \underset{\text{果糖(C)}}{C_6H_{12}O_6}$$

反应的速率方程：

$$r = -\frac{dc_{C_{12}H_{22}O_{11}}}{dt} = k'c_{C_{12}H_{22}O_{11}}c_{H_2O}c_{H^+} \tag{2-7-1}$$

由于反应时水大量存在，所以尽管有水分子参加了反应，仍可近似地认为整个反应过程中水的浓度是恒定的；H^+是催化剂，其浓度也保持不变。因此反应速率只与蔗糖浓度成正比，可将其视为一级反应。

其动力学方程可由下式表示：

$$-\frac{dc_A}{dt}=kc_A \tag{2-7-2}$$

式中 c_A——时间 t 时反应物蔗糖的浓度，$mol \cdot L^{-1}$；

k——蔗糖转化反应速率常数，$k=k'c_{H_2O}c_{H^+}$。

上式积分得：

$$\ln c_A=-kt+\ln c_{A,0} \tag{2-7-3}$$

式中 $c_{A,0}$——反应物蔗糖的起始浓度。

当 $c_A=\frac{1}{2}c_{A,0}$，时间 t 可用 $t_{1/2}$ 表示，即反应半衰期：

$$t_{1/2}=\frac{\ln 2}{k}=\frac{0.693}{k} \tag{2-7-4}$$

从式（2-7-3）可以看出，在不同时间 t 测定反应物的相应浓度 c_A，并以 $\ln c_A$ 对 t 作图，可得一直线，直线斜率即为反应速率常数 k。

在化学反应动力学研究中，要求能实时测定某反应物或产物的浓度，且测量过程对反应无干扰，这样就提高了实验难度，即在不断进行的反应中，很难快速分析出反应物的浓度。由于蔗糖及其转化产物（葡萄糖和果糖）都具有旋光性，且旋光能力不同，故可以利用体系在反应进程中旋光度的变化度量反应的进程。旋光仪是测量物质旋光度的仪器。当其他条件固定时，溶液的旋光度 α 与旋光物质浓度 c 呈线性关系，即：

$$\alpha=\beta c \tag{2-7-5}$$

式中，β 为比例常数，它与旋光物质的旋光能力、溶剂性质、溶液浓度、样品管长度及温度等有关。

物质的旋光能力用比旋光度来度量：

$$[\alpha]_D^{20}=\frac{\alpha \times 100}{lc_A} \tag{2-7-6}$$

式中 $[\alpha]_D^{20}$——上标 20 表示实验温度为 20℃，下标 D 指旋光仪所采用的钠灯光源 D 线波长（589nm）；

α——测定的旋光度，(°)；

l——样品管长度，dm；

c_A——浓度，g/100mL。

反应物蔗糖和生成物葡萄糖是右旋性物质，其比旋光度分别为 $[\alpha]_D^{20}=66.6°$，$[\alpha]_D^{20}=52.5°$。但果糖是左旋性物质，其比旋光度 $[\alpha]_D^{20}=-91.9°$。由于果糖的左旋性比葡萄糖的右旋性大，所以生成物的总旋光效应为左旋。因此，随着反应的进行，体系的右旋角度不断减小，反应完毕时溶液呈左旋，至蔗糖完全转化，溶液左旋达到最大值 α_∞。

测得旋光度随时间的变化，也就可以知道蔗糖浓度随时间的变化，从而求得反应速率常数 k。

设 $t=0$ 时旋光度为：

$$\alpha_0=\beta_{反}c_{A,0} \quad (t=0\text{ 时，蔗糖尚未转化}) \tag{2-7-7}$$

$t=\infty$ 时旋光度为：

$$\alpha_\infty=\beta_{生}c_{A,0} \quad (t=\infty时，蔗糖已完全转化) \tag{2-7-8}$$

式（2-7-7）和式（2-7-8）中 $\beta_{反}$ 和 $\beta_{生}$ 分别为反应物和生成物的比例常数。

当 $t=t$ 时，蔗糖浓度为 c_A，旋光度为 α_t，即：

$$\alpha_t=\beta_{反}c_A+\beta_{生}(c_{A,0}-c_A) \tag{2-7-9}$$

由式（2-7-7）、式（2-7-8）和式（2-7-9）联立可解得：

$$c_{A,0}=\frac{\alpha_0-\alpha_\infty}{\beta_{反}-\beta_{生}}=\beta'(\alpha_0-\alpha_\infty) \tag{2-7-10}$$

$$c_A=\frac{\alpha_t-\alpha_\infty}{\beta_{反}-\beta_{生}}=\beta'(\alpha_t-\alpha_\infty) \tag{2-7-11}$$

其中，

$$\beta'=\frac{1}{\beta_{反}-\beta_{生}}$$

将式（2-7-10）和式（2-7-11）代入式（2-7-3）即得：

$$\ln(\alpha_t-\alpha_\infty)=-kt+\ln(\alpha_0-\alpha_\infty) \tag{2-7-12}$$

可见，以 ln（$\alpha_t-\alpha_\infty$）对 t 作图可得一直线，从直线斜率即可求得反应速率常数 k。

三、仪器与试剂

旋光仪　　恒温槽

移液管（50mL）　　容量瓶（50mL）

磨口锥形瓶（250mL）　　烧杯（100mL、1000mL）

HCl 溶液（$3.0mol \cdot L^{-1}$）　　蔗糖（A.R.）

秒表

四、实验步骤

旋光仪的原理及使用参见本实验附录：旋光仪。

1. 旋光仪的校正

蒸馏水为非旋光物质，可以用来校正旋光仪的零点。校正时，先洗净样品管，将管的一端盖子旋紧，并由另一端向管内灌满蒸馏水，在上面形成一凸面，取玻璃盖片沿管口轻轻推入盖好，玻璃片紧贴于旋光管，再旋紧套盖，注意操作时不要用力过猛，以免压碎玻璃片。此时应无气泡，或将气泡赶到旋光管侧面的凸起部分。擦干样品管外的水，再用擦镜纸将管两端的玻璃片擦净，放入旋光仪的光路中。打开光源，调节目镜聚焦，使视野清晰，再旋转检偏镜至能观察到三分视野消失（即没有明暗分界）时最暗视野为止[如图2-7-4(d)]。记下刻度盘读数，重复测量三次，取平均值，即为零点值，用来校正仪器的系统误差。

2. 反应过程的旋光度测定

（1）本实验中，室温条件下测定样品的旋光度。

（2）将 10.0g 蔗糖用少量水溶解，注入 50mL 容量瓶，稀释至刻度，若溶液浑浊则需过滤。

（3）用移液管取 50mL HCl 溶液（$3.0mol \cdot L^{-1}$）于干燥、洁净的锥形瓶中备用。

（4）将配好的蔗糖溶液倒入一干燥、洁净的 250mL 磨口锥形瓶中，将上述锥形瓶中的 50mL HCl 溶液迅速倒入蔗糖溶液中，同时开启秒表计时。将 HCl 溶液全部转入蔗糖溶液，并加塞混匀。

（5）用混合均匀的溶液润洗旋光管两次（若旋光管干燥，可略过此步骤）。在管内装满混合溶液，测量第一个数据，即 α_0，同时记录时间。此过程应迅速，尽量在 3min 内完成。以后每隔 1～3min 测一次，同时记录相应的时间。15min 后可延长时间间隔，至少测量至旋光度为负值（左旋）。如何正确读数（即 α_t 与 t 同时读准）及掌握时间间隔，要在实验前考虑好。

（6）在磨口锥形瓶中倒入步骤（5）后的剩余混合液，置于 50～60℃的恒温槽内保温 30min。然后冷却至室温，测 α_∞。此过程使用磨口锥形瓶以防止溶液挥发，导致浓度改变。注意在放入恒温槽保温及之后冷却过程中，将塞子打开几次，以免因温度改变导致磨口锥形瓶中压力改变，造成塞子弹出或无法打开。

（7）实验结束后，充分洗净旋光管，擦净后放回仪器盒，以防腐蚀。

五、 数据处理

1. 将反应过程中测得的旋光度 α_t 与对应时间 t 列表，作出 α_t-t 曲线图。

2. 以 $\ln(\alpha_t-\alpha_\infty)$ 对 t 作图，可得一直线。由直线斜率求得反应速率常数 k，并计算反应半衰期 $t_{1/2}$。

六、 提问思考

1. 配制蔗糖溶液时，使用 0.1g 精度的天平，而无须使用 0.1mg 精度的天平，为什么？

2. 将 HCl 溶液与蔗糖溶液混合时，是将 HCl 溶液加入蔗糖溶液中，反之是否可以？为什么？

七、注解

1. 蔗糖在纯水中水解速率很慢，但是在催化剂作用下会迅速加速，此时反应速率大小不仅与催化剂种类有关，而且与催化剂的浓度有关。即本实验用 HCl 溶液作催化剂，浓度保持不变。如果改变 HCl 浓度，蔗糖转化速率也随着变化。详见表 2-7-1。

表 2-7-1 温度与盐酸浓度对蔗糖水解速率常数的影响

c_{HCl}/mol·L^{-1}	$k\times10^3$/min^{-1}		
	298.2K	308.2K	318.2K
0.0502	0.417	1.738	6.213
0.2512	2.255	9.355	35.860
0.4137	4.043	17.000	60.620
0.9000	11.160	46.760	148.800
1.2140	17.455	75.970	—

本实验除了用 H^+ 作催化剂外，也可用蔗糖酶催化。后者的催化效率更高，并且用量可减小。如用蔗糖酶液，其用量仅为 2mol·L^{-1}HCl 用量的 1/50。

2. 温度对反应速率常数影响很大，所以本实验的关键是严格控制反应温度。反应进行到后阶段，为了加快反应进程，获得 α_∞，将反应溶液置于 50～60℃的水浴内恒温，使反应进行到底。注意温度不能高于 60℃，否则会产生副反应，使溶液变黄。

3. 如果时间允许，本实验可采用测定几个不同温度下的反应速率常数来计算反应活化能，即根据阿伦尼乌斯方程的积分形式 $\ln k=-\dfrac{E_a}{RT}+c$（c 为常数），测定不同温度下的 k 值。以 $\ln k$ 对 $1/T$ 作图，可得一直线，从直线斜率求算反应活化能 E_a。E_a 文献值为

$108kJ \cdot mol^{-1}$。

附录 旋光仪

当平面偏振光通过具有旋光性的物质时，偏振光的振动面将旋转某一角度，这个角度称为旋光度。其方向和大小与该分子的立体结构有关。对于溶液来说，旋光度还与其浓度有关。面向光源，使偏振光的振动面顺时针旋转的物质称为右旋物质，反之则称为左旋物质。通过对某些分子旋光性的研究，可以了解其立体结构等许多重要性质。

1. 基本原理

(1) 平面偏振光的产生

一般光源辐射的光为自然光，其光波在垂直于传播方向的一切方向上振动（圆偏振）。当一束自然光通过各向异性的晶体（如方解石）时，产生两束互相垂直的平面偏振光。由于这两束平面偏振光的折射率不同，其临界折射角也不同，利用这个差别可以将两束光分开，从而获得单一的平面偏振光。

尼科尔（Nicol）棱镜就是根据这一原理而设计的。它是将方解石晶体沿一定对角面剖开再用加拿大树胶黏合而成，如图 2-7-1 所示。当圆偏振光以一定的入射角投射到尼科尔棱镜时就分成两束互相垂直的平面偏振光，由于折射率不同，当这两束光到达方解石与树胶的界面时，折射率较大的一束在第一块直角棱镜与树胶的交界上全反射后被棱镜框子上涂黑的表面所吸收。另一束光则可通过树胶层及第二棱镜面射出，从而在尼科尔棱镜的出射方向上获得单一的平面偏振光。所以，尼科尔棱镜称为起偏镜，用来产生偏振光。

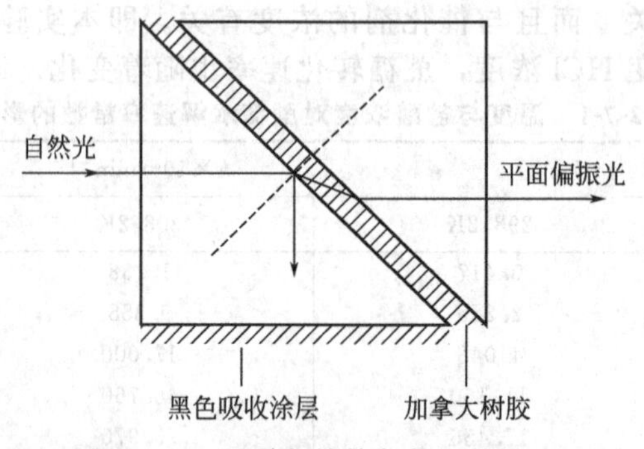

图 2-7-1 尼科尔棱镜起偏振的原理

(2) 平面偏振光角度的测量

偏振光振动平面在空间轴向角度位置的测量也是借助于一块尼科尔棱镜，即在一个尼科尔棱镜后另置一尼科尔棱镜，后者称为检偏镜，它与刻度盘等机械零件组成一个可同轴转动的系统。

由于尼科尔棱镜只允许按某一方向振动的平面偏振光通过，所以当两棱镜光轴的轴向角度一致时，由第一尼科尔棱镜（起偏镜）射到第二尼科尔棱镜（检偏镜）的偏振光全能通过；当两棱镜光轴的轴向角度互相垂直时，由第一尼科尔棱镜射到第二尼科尔棱镜的偏振光全不能通过；当两棱镜光轴的轴向角度的夹角介于 0°～90°时，检偏镜的偏振光将发生衰减。

由于刻度盘随检偏镜一起同轴转动，因此就可以直接从刻度盘上读出被测平面偏振光的轴向角度。

2. 旋光仪和旋光度的测定

旋光仪是测定物质旋光度大小和方向的仪器。WXG-4 型旋光仪外形及结构分别如图 2-7-2 和图 2-7-3 所示。

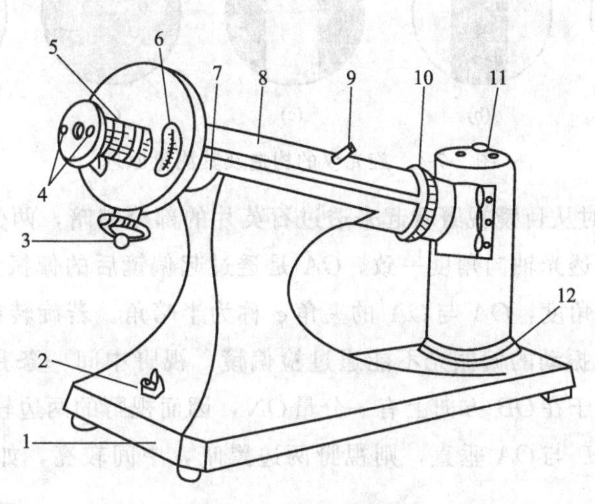

图 2-7-2 旋光仪外形

1—底座；2—电源开关；3—度盘转动手轮；4—读数放大镜；5—调焦手轮；6—度盘及游标；7—镜筒；8—镜筒盖；9—镜盖手柄；10—镜盖连接圈；11—灯罩；12—灯座

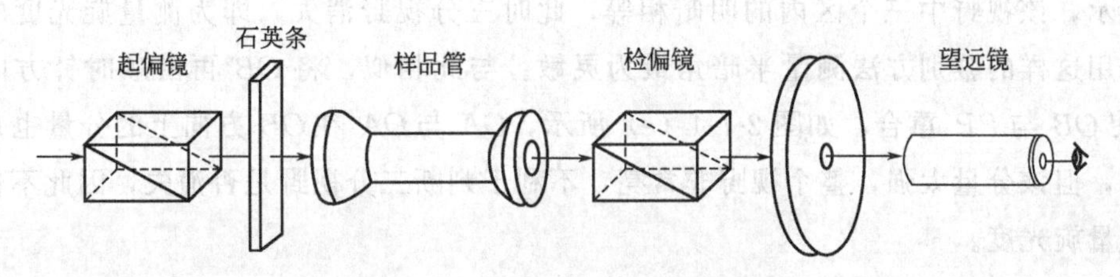

图 2-7-3 旋光仪基本构造示意图

调节检偏镜使其透光的轴向角度与起偏镜的透光轴向角度相互垂直，则在检偏镜前观察到的视野是黑暗的。若在起偏镜与检偏镜之间放入一个盛满旋光物质的样品管，由于物质的旋光作用，使原来由起偏镜射出的偏振光转过了一个角度，使得检偏镜光轴垂直于起偏镜光轴方向出现了一个分量，视野里见到一定的光亮。此时再将检偏镜也相应地转过同样角度，则两镜光轴再次垂直，视野重新恢复黑暗。因此检偏镜由第一次黑暗到第二次黑暗的角度差，即为被测物质的旋光度。

如果没有比较，很难通过判断视野的黑暗程度，准确地使起偏镜与检偏镜的透光轴向角度相互垂直。因此设计了一种三分视野，即在起偏镜后的中部另置一块狭长的石英片，其宽度约为视野的 1/3，参见图 2-7-4。

由于石英片具有旋光性，从石英片中透过的那部分偏振光被旋转了一个角度 φ，如图

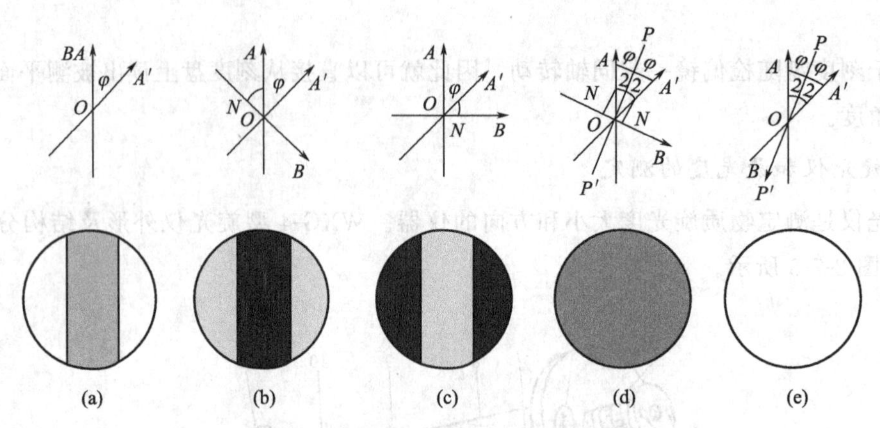

图 2-7-4 旋光仪的构造及其测量原理

2-7-4（a）所示，此时从目镜视野看起来透过石英片的部分稍暗，两旁的光很强。由于此时检偏镜与起偏镜的透光轴向角度一致，OA 是透过起偏镜后的偏振光轴向角度，OA'是透过石英片后的轴向角度，OA 与OA'的夹角 φ 称为半暗角。若旋转检偏镜使 OB 与 OA' 垂直，则沿 OA'方向振动的偏振光不能通过检偏镜，视野中间一条是黑暗的，而石英片两边的偏振光 OA 由于在OB 方向上有一分量ON，因而视野的两边较亮，如图 2-7-4（b）所示。同理，调节 OB 与OA 垂直，则视野两边黑暗，中间较亮，如图 2-7-4（c）所示。若起偏镜和检偏镜的透光轴向角度与石英片透光轴向角度相等（即$\frac{\varphi}{2}$），OB 与半暗角中的等分角线 PP'垂直时，则 OA、OA'在 OB 方向上的分量 ON 和 ON'相等，如图 2-7-4（d）所示，该视野中三个区内的明暗相等，此时三分视野消失，即为测量旋光度的所需视野。用这样的鉴别方法测量半暗角最为灵敏。与此相似，将 OB 再沿顺时针方向转过 90°，使 OB 与 PP'重合，如图 2-7-4（e）所示，OA 与 OA'在 OB 方向上的分量也是相等的状态，但该分量太强，整个视野非常亮，不利于判断三分视野是否消失，因此不作为标准来测量旋光度。

3. 影响旋光度的因素

旋光度除了取决于被测分子的立体结构特征外，还受多种实验条件的影响，如浓度、样品管长度、温度和光源波长等。

首先，旋光度与旋光物质的溶液浓度成正比，可以利用这一关系，固定其他实验条件测量旋光物质的浓度。

其次，旋光度也与样品管长度成正比，通常旋光仪中的样品管长度为 10cm 或 20cm 两种，可视样品旋光能力选用合适的管长。对于旋光能力较弱或溶液浓度太稀的样品，须用较长的样品管。

再次，旋光度对温度比较敏感，这涉及旋光物质分子不同构型之间平衡态的改变，以及溶剂-溶质分子之间相互作用的改变等内在原因。就总的结果来看，旋光度具有负的温度系数，且温度越高，温度系数越负，且呈非简单的线性关系，随各种物质的构型不同而异，一般均为$-0.04°\sim-0.01°$。对大多数物质，用$\lambda=589.3nm$（钠光）测定时，温度升高1℃，旋光角约减少0.3%。因此在测试时必须对样品进行恒温控制，在精密测定时必须用装有恒温水夹套的样品管。

最后，样品管的玻璃窗片也是影响旋光度的一个因素。窗片是用光学玻璃片加工制成的，用螺母及橡皮垫圈拧紧，但不能拧得太紧，以不漏液为限，否则光学玻璃会受应力而产生一种附加的偏振作用，给测量造成误差。

实验八　催化剂对过氧化氢分解速率的影响

一、目的与要求

1. 用压力法测定过氧化氢催化分解反应的速率常数和半衰期。
2. 了解催化剂对过氧化氢分解反应速率的影响。

二、基本原理

过氧化氢分解反应为：
$$H_2O_2 \longrightarrow H_2O+\frac{1}{2}O_2 \tag{1}$$

在常温无催化剂存在时，反应进行较慢，若加入碘离子作催化剂，则可加速反应，且反应速率与碘离子浓度成正比。1904年Bredig和Nalton提出下面的反应机理：

$$H_2O_2+I^- \longrightarrow IO^-+H_2O(\text{慢}) \tag{2}$$

$$H_2O_2+IO^- \longrightarrow H_2O+O_2+I^-(\text{快}) \tag{3}$$

反应（3）比反应（2）快很多，反应（2）为决速步骤，反应速率方程可表示为：

$$-\frac{dc_{H_2O_2}}{dt}=k'c_{H_2O_2}c_{I^-} \tag{2-8-1}$$

在反应过程中I^-通过反应（3）不断再生，其浓度不变。故上式可写成：

$$-\frac{dc_{H_2O_2}}{dt}=kc_{H_2O_2} \tag{2-8-2}$$

式中，$k=k'c_{I^-}$，k与催化剂碘离子浓度成正比。当c_{I^-}不变时，可视为准一级反应，反应速率常数为k。

用c_0表示H_2O_2的初始浓度，c表示t时刻H_2O_2的浓度，积分上式得：

$$\ln\frac{c}{c_0}=-kt \tag{2-8-3}$$

当$c=\frac{1}{2}c_0$时，相应的时间t即为半衰期$t_{1/2}$：

$$t_{1/2}=\frac{\ln 2}{k} \tag{2-8-4}$$

测定不同t时的c可求得k及$t_{1/2}$。本实验通过测定在相应时间内反应器中分解释放出的O_2产生的压力，来测定反应过程中H_2O_2的浓度变化。

分解反应过程中，在一定温度、压力下，反应放出 O_2 的体积与所分解 H_2O_2 的量成正比，设 p_t 表示 H_2O_2 在 t 时刻反应器中氧气的压力，p_∞ 表示 H_2O_2 全部分解时反应器中氧气的压力，r 为比例系数，则 $c_0=rp_\infty$，$c=r(p_\infty-p_t)$ 可得：

$$\frac{c}{c_0}=\frac{p_\infty-p_t}{p_\infty} \tag{2-8-5}$$

式（2-8-3）可写成：

$$\ln\frac{c}{c_0}=\ln\frac{p_\infty-p_t}{p_\infty}=-kt \tag{2-8-6}$$

或

$$\ln(p_\infty-p_t)=-kt+\ln p_\infty \tag{2-8-7}$$

测定不同反应时间 t 对应的 O_2 压力 p_t 和反应结束时 O_2 压力 p_∞，以 $\ln(p_\infty-p_t)$ 对 t 作图得一直线，由直线斜率可求出反应速率常数 k，由式（2-8-4）可求得半衰期 $t_{1/2}$。

用不同浓度的碘离子进行实验，根据 k 值的变化可确定催化剂（I^-）的浓度对 H_2O_2 分解反应速率的影响。

三、 仪器与试剂

SLGF-Ⅱ过氧化氢分解反应装置（图 2-8-1）　　电子天平（$d=0.0001$g）

移液管（10mL）　　容量瓶（100mL）

碘化钾（A. R.）　　H_2O_2 新配溶液（2%）

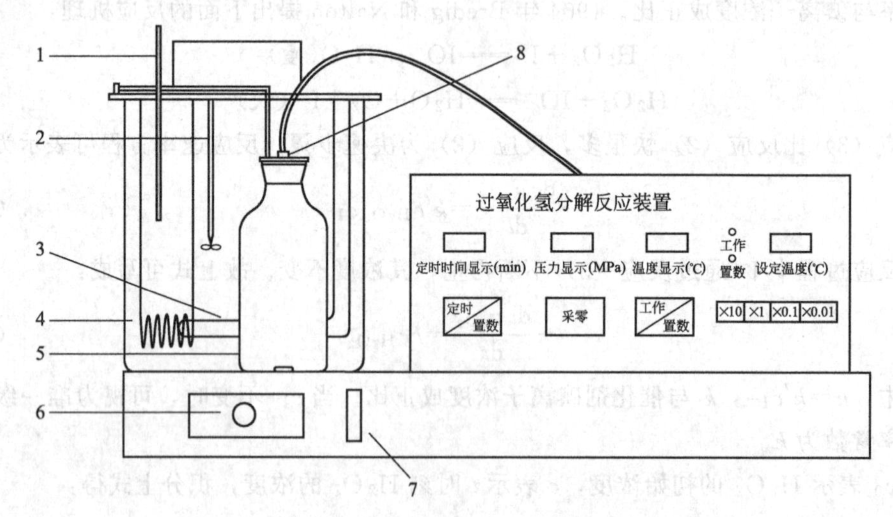

图 2-8-1　过氧化氢分解反应实验装置示意图

1—温度传感器；2—搅拌器；3—加热器；4—冷凝管；5—反应器

6—搅拌速率旋钮；7—手动/自动搅拌选择开关；8—反应器压力接口

四、 实验步骤

(1) 溶液配制：准确称取 KI 固体 3.32g，用去离子水溶解并定容于 100mL 容量瓶中。

(2) 组装仪器：将反应器放入恒温槽中（注意，恒温槽中的水要刚好淹没反应器压力接口下端，防止漏气），用镊子将磁子小心放入反应器内。

(3) 溶液恒温：移取2%过氧化氢溶液10mL至反应器中，用移液管准确移取0.2mol·L^{-1}的碘化钾溶液8mL至样品管中，加8mL去离子水稀释碘化钾溶液至0.1mol·L^{-1}，将样品管放入恒温槽边缘恒温。

(4) 氧气压力p_t的测定：打开过氧化氢分解反应装置开关。手动调节搅拌磁子到合适速度，将搅拌状态设置为“自动搅拌”。在过氧化氢分解反应装置设定“定时时间”为1min。设定温度为30℃，切换到工作状态。等待温度升至设定温度，恒温至少10min。旋开反应器盖，用移液管吸取10mL已恒温好的碘化钾溶液，放入反应器中，迅速旋紧反应器盖。等压力显示数值基本稳定后“采零”。迅速将“定时/置数”按钮切换为定时状态，此时搅拌自动开启，定时器工作，蜂鸣器响时，记录体系压力值（每分钟记录一次），大约15min后停止计时。

(5) p_∞的测定：按“工作/置数”键，切为“置数”状态。将温度设定为55℃，再按“工作/置数”键，切为“工作”状态。等待温度升至设定温度（可根据需要调节加热强弱），恒温10min左右，让过氧化氢完全分解。按“工作/置数”键，切为“置数”状态，将温度设定为系统测定时的初始温度30℃，通入冷却水，让水温降至设定温度以下2℃时关闭冷却水。按“工作/置数”键，切为“工作”状态。等待温度升至设定温度（可根据需要调节加热强弱），恒温至压力值基本不变时，读取压力值，即p_∞。

(6) 关闭过氧化氢分解反应装置开关，关闭电子天平开关，取出反应器中的磁子，倒出溶液，并用蒸馏水清洗干净并干燥。

(7) 移取10mL 2% H_2O_2溶液至反应器中，用移液管移取0.2mol·L^{-1}的碘化钾溶液约15mL，放入恒温槽边缘样品管中恒温，以考察不同催化剂浓度对H_2O_2分解速率的影响。重复步骤（4）～（6）的操作。

五、数据处理

1. 将不同浓度KI溶液作催化剂时，不同时刻t放出的氧气产生的压力记录于表2-8-1，并记录实验温度和p_∞。

表2-8-1 实验数据 实验温度：______ p_∞：______

t/min																	
p_t																	
$p_\infty - p_t$																	
$\ln\frac{p_\infty - p_t}{p_\infty}$																	

2. 计算$p_\infty - p_t$和$\ln\frac{p_\infty - p_t}{p_\infty}$值。

3. 以$\ln\frac{p_\infty - p_t}{p_\infty}$对$t$作图，由斜率求反应速率常数$k$。

4. 当$p_t=\frac{1}{2}p_\infty$时，对应的时间即为半衰期，用公式$t_{1/2}=\frac{\ln2}{k}$计算过氧化氢分解反

应的半衰期。

六、 提问思考

1. 如何检查系统是否漏气？

2. KI 溶液浓度对其反应速率常数 k 以及半衰期 $t_{1/2}$ 有何影响？

3. 反应速率常数 k 值与哪些因素有关？反应过程中为什么要匀速搅拌？搅拌快慢对结果有无影响？

七、 注解

1. 做实验前要洗净反应器，并烘干。

2. 本实验中，反应器的气密性好坏是关键，因此要确保反应体系的气密性。

3. p_∞ 值的求法除了本实验中的方法外，也可在初始温度下继续反应，直到反应完毕，即压力值基本不变时，读取压力值，即 p_∞，但这种方法耗时较长。

实验九 乙酸乙酯皂化反应动力学

一、 目的与要求

1. 了解二级反应的特点。

2. 通过电导法测定乙酸乙酯皂化反应速率常数。

3. 测定两个温度下的反应速率常数来求反应的活化能。

二、 基本原理

乙酸乙酯的皂化反应是典型的二级反应，其方程式为：

	$CH_3COOC_2H_5$	$+OH^-$ ═══	CH_3COO^-	$+C_2H_5OH$
$t=0$	a	a	0	0
$t=t$	$a-x$	$a-x$	x	x
$t\rightarrow\infty$	0	0	a	a

为简化处理实验，两个反应物的初始浓度都为 a，转化率为 x，根据二级反应的速率方程式：

$$\frac{1}{a-x}-\frac{1}{a}=kt \tag{2-9-1}$$

则：

$$k=\frac{1}{ta}\times\frac{x}{a-x} \tag{2-9-2}$$

在一定温度下，由实验测得不同时间 t 的 x 值，通过式（2-9-2）可计算出反应速率

常数 k。

改变实验温度，最后求得两个温度 T_1 和 T_2 下的反应速率常数 k_1 和 k_2，由阿伦尼乌斯（Arrhenius）方程的定积分式求得活化能 E_a 值。

$$\ln\frac{k_2}{k_1}=\frac{E_a}{R}\left(\frac{1}{T_1}-\frac{1}{T_2}\right) \tag{2-9-3}$$

在稀溶液中，强电解质电导率与浓度成正比，溶液的电导率是各离子电导率之和。所以，本实验通过测定溶液的电导率 κ 代替生成物的浓度 x。反应体系中，Na^+ 浓度在反应前后始终不变，仅 OH^- 与 CH_3COO^- 的浓度对电导率的变化有影响，另外，OH^- 的导电能力约为 CH_3COO^- 的五倍，所以，溶液的电导率随着 OH^- 的消耗而逐渐降低。

一定温度下，反应起始（$t=0$）时，溶液总电导率为 κ_0，反应时间为 t 时，溶液总电导率为 κ_t，反应终了（$t=\infty$）时的溶液总电导率为 κ_∞。

当转化率 $x=0$ 时，所测电导率为 NaOH 溶液的贡献，则：

$$\kappa_0=A_1a \tag{2-9-4}$$

当转化率 $x=\infty$ 时，所测电导率为 CH_3COONa 溶液的贡献，则：

$$\kappa_\infty=A_2a \tag{2-9-5}$$

当转化率 x 在 0～1 之间时，所测电导率为 NaOH 和 CH_3COONa 溶液的贡献，则：

$$\kappa_t=A_1(a-x)+A_2x \tag{2-9-6}$$

式中，A_1、A_2 是与温度、试剂、电解质 NaOH 和 CH_3COONa 有关的比例常数。

结合式（2-9-2）、式（2-9-4）～式（2-9-6）可得：

$$\kappa_t=\frac{1}{ka}\times\frac{\kappa_0-\kappa_t}{t}+\kappa_\infty \tag{2-9-7}$$

以 κ_t 对 $\frac{\kappa_0-\kappa_t}{t}$ 作图可得一直线，其斜率等于 $\frac{1}{ka}$，由此可求得反应速率常数 k。

把电导率仪的输出与记录仪连接，就可自动记录电导率的变化。这时记录纸上的峰高将与电导率成正比。因此，用峰高代替电导率代入上式同样可求得 k 值。

三、 仪器与试剂

恒温槽	ZHFY-Ⅰ型乙酸乙酯皂化反应测定装置（图 2-9-1）
注射器 50mL	叉形电导池
移液管 10mL	烧杯
洗耳球	容量瓶（100mL、50mL）
乙酸乙酯（A. R.）	NaOH 标准溶液（约 $0.1mol \cdot L^{-1}$）

四、 实验步骤

1. 实验前准备

(1) 将电极插头与电极插座接好。打开仪器电源，按“校准/测量”按钮，校准指示

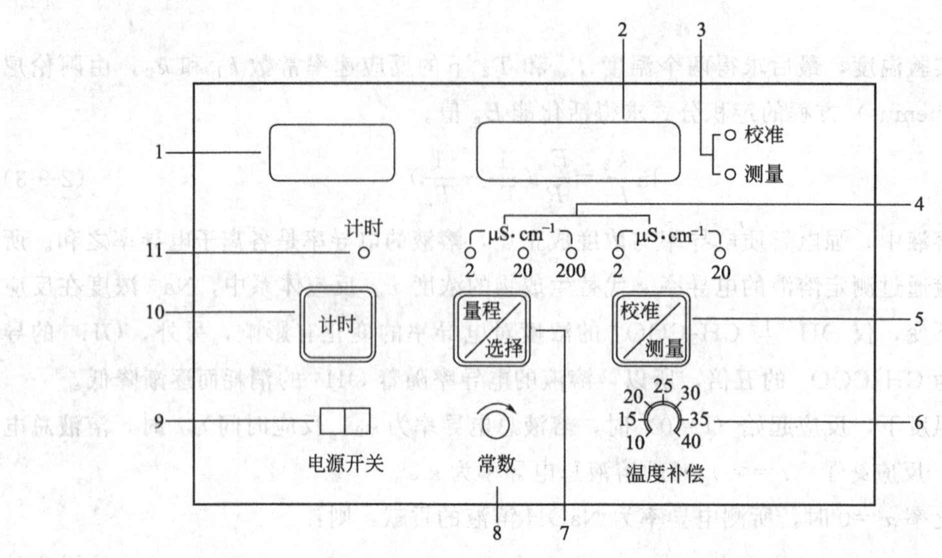

图 2-9-1 ZHFY-Ⅰ型乙酸乙酯皂化反应测定装置面板示意图

1—计时显示窗口；2—测量数据显示窗口；3—工作状态灯；4—量程灯；5—功能键；6—温度补偿；7—量程转换；8—常数调节旋钮；9—电源开关；10—计时键；11—计时灯

灯亮，让仪器预热 15～20min。

(2) 将叉形电导池洗净烘干（图 2-9-2）。调节恒温槽，设定为 25℃。

(3) 准确配制 0.02mol·L^{-1}的 NaOH 溶液和 $CH_3COOC_2H_5$ 溶液各 100mL。

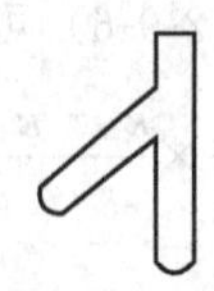

图 2-9-2 叉形电导池

(4) 仪器的校准

① 将“温度补偿”旋钮置于待测溶液实际温度的相应位置，若“温度补偿”旋钮置于 25℃位置时，则无补偿作用。

② 调节“常数”旋钮，使仪器所显示值为所用电极的常数标准值，如电极常数为 0.92，通过调“常数”旋钮显示“9200”，电极常数为“1.10”，调“常数”旋钮使其显示为“11000”（忽略小数点）。

③ 按“校准/测量”按钮，使仪器处于测量工作状态，工作指示灯亮。

2. 测量

(1) κ_0 的测定

用 10mL 移液管分别移取蒸馏水和 0.02mol·L^{-1}的 NaOH 溶液至洁净、干燥的叉形管电导池中，充分混匀，固定于恒温槽中，恒温 10min。然后将铂电极放入已恒温的 NaOH 溶液中（直支管中），待数值稳定不变为止，测溶液的电导率，此数值即为 κ_0。

(2) κ_t 的测定

在叉形电导池的直支管中加入10mL、0.02mol·L^{-1}的$CH_3COOC_2H_5$溶液，侧支管中加入10mL、0.02mol·L^{-1}的NaOH溶液，注意此时两种溶液不要互相污染。然后把洁净的电极置于直支管中，恒温10min后，在恒温槽中将叉形电导池中的溶液混匀，按下“计时”按钮开始计时，当反应进行3min时，测其电导率，并在以后每隔3min记录电导率κ_t和时间t，测量持续30min。实验结束时按下“计时”按钮，计时停止。

注意秒表一经启动，中间不要暂停。计时功能在测量状态时有效，计时的时候按“量程/选择”按钮无效。

调节恒温槽温度至35℃，重复测定κ_0和κ_t的值。

实验完毕，清洗玻璃仪器，将电极用蒸馏水洗净，浸入蒸馏水中保存。关闭电源，整理实验台。

五、数据处理

1. 记录初始浓度a=__________ mol·L^{-1}。

2. 记录不同时间的κ_0和κ_t于表2-9-1。

表2-9-1　实验数据

温度	测量内容或计算内容	数据									
25℃	$\kappa_0/\mu S\cdot cm^{-1}$										
	t/min	3	6	9	12	15	18	21	24	27	30
	$\kappa_t/\mu S\cdot cm^{-1}$										
	$\frac{\kappa_0-\kappa_t}{t}$										
35℃	$\kappa_0/\mu S\cdot cm^{-1}$										
	t/min	3	6	9	12	15	18	21	24	27	30
	$\kappa_t/\mu S\cdot cm^{-1}$										
	$\frac{\kappa_0-\kappa_t}{t}$										

3. 以κ_t对$\frac{\kappa_0-\kappa_t}{t}$作图，得一直线，由直线斜率计算该温度下的$k$。

4. 根据温度T_1和T_2下的k_1和k_2，计算反应活化能E_a。

六、提问思考

1. 为什么溶液浓度要足够小？

2. 若两种反应物的起始浓度不相等时，该如何计算k值？

3. 在化学反应过程中，如果浓度的测量难以进行，可以利用反应物、产物的可测物理参数代替浓度进行动力学研究，此时应满足哪些条件？

七、注解

1. 本实验需要的蒸馏水要事先煮沸，冷却后再使用，以除去水中溶解的CO_2。

2. 乙酸乙酯溶液均需临时配制，并且动作要迅速，以减少挥发损失。配制100mL浓度0.02mol·L^{-1}的乙酸乙酯水溶液需要乙酸乙酯0.1762g。注意在滴加乙酸乙酯之前，应在容量瓶中加入少量蒸馏水，以免乙酸乙酯滴加在空瓶中挥发，致称量不准。在滴加乙酸乙酯时尽量使用细小的滴管，使加入的乙酸乙酯的质量尽量接近0.1762g。滴加乙酸乙酯时不要滴加在瓶壁上，要完全滴加到溶液中。

3. 将反应溶液加入电导池中时，不要用手扶，因为手的振动很容易引起液体的流动。

4. 初次混合时，应控制力度，在速度快的同时，注意不要将反应液吸入针筒或喷出。

5. 电导电极上的铂黑不能用纸擦拭。

6. 不同温度下，乙酸乙酯皂化反应速率常数文献值参见第四章附录十二。

第四节　表面化学和胶体化学

实验十　溶液表面吸附的测量

一、 目的与要求

1. 掌握最大气泡压力法测定表面张力的原理和方法。

2. 了解表面张力的性质、表面自由能的意义以及表面张力和吸附的关系。

3. 测定不同浓度的乙醇水溶液的表面张力，利用吉布斯（Gibbs）吸附方程式计算表面吸附量。

二、 基本原理

1. 表面张力

表面张力是液体的重要性质之一。从热力学观点看，液体表面收缩导致体系总的自由能减小，是一个自发过程。如欲使液体产生新的表面积ΔA，就需要消耗一定的功W。其大小应与ΔA成正比：

$$W=\sigma\Delta A \tag{2-10-1}$$

式中，σ为液体的表面自由能，亦称表面张力，J·m^{-2}。它表示了液体表面自动缩小趋势的大小，其量值与液体的成分、溶液的浓度及温度等因素有关。

2. 溶液的表面吸附

对于溶剂，纯物质的表面层与本体的组成相同，因此根据能量最低原理，为降低体系的表面自由能，唯一途径是尽可能缩小其表面积。然而，对于溶液，由于溶质能使溶剂表面张力发生变化，因此可以通过调节溶质在表面层的浓度来降低表面自由能。

根据能量最低原理，当表面层溶质的浓度比溶液本体大时，溶质能降低溶剂的表面张力；反之，溶质使溶剂的表面张力增大时，表面层中溶质的浓度比本体的小。溶质在溶液表面层与在溶液本体的浓度不同的现象叫溶液的表面吸附。即溶液借助于表面吸附来降低表面自由能。显然，在指定的温度和压力下，溶质的吸附量与溶液的表面张力及溶液的浓度有关，从热力学方法可知，它们之间的关系遵守吉布斯（Gibbs）吸附方程：

$$\Gamma = -\frac{c}{RT}\left(\frac{d\sigma}{dc}\right)_T \tag{2-10-2}$$

式中 Γ——表面吸附量，$mol \cdot m^{-2}$；

T——热力学温度，K；

c——稀溶液浓度，$mol \cdot L^{-1}$；

R——摩尔气体常数。

$\left(\frac{d\sigma}{dc}\right)_T < 0$，则 $\Gamma > 0$，称为正吸附；$\left(\frac{d\sigma}{dc}\right)_T > 0$，则 $\Gamma < 0$，称为负吸附。本实验测定正吸附情况。

有些物质溶入溶剂后，能使溶剂的表面张力显著降低，这类物质称为表面活性物质。它们是由亲水的极性基团和憎水的非极性基团构成的。对于有机化合物来说，表面活性物质的极性部分一般为$—NH_3^+$、—OH、—SH、—COOH、$—SO_2OH$ 等，乙醇就属于这样的化合物。它们在水溶液表面排列的情况随其浓度不同而异，如图 2-10-1 所示。浓度小时，分子可以平躺在表面上，如图 2-10-1(a)；浓度增大时，分子的极性基团取向溶液本体，而非极性基团基本上取向空间，如图 2-10-1(b)；当浓度增至一定程度，溶质分子占据了所有表面，就形成饱和吸附层，如图 2-10-1(c)。

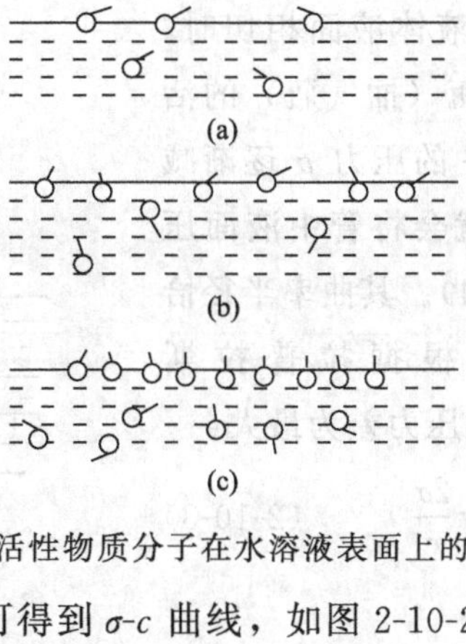

(a)

(b)

(c)

图 2-10-1 表面活性物质分子在水溶液表面上的排列情况示意图

以表面张力对浓度作图，可得到 σ-c 曲线，如图 2-10-2 所示。从图中可以看出，在开始时 σ 随浓度增加而迅速下降，以后的变化比较缓慢。

在 σ-c 曲线上任选一点 α 作切线，即可得该点所对应浓度 c_α 的斜率 $(d\sigma/dc_\alpha)_T$。再由式（2-10-2），可求得不同浓度下的 Γ 值。

3. 最大气泡压力法测定液体的表面张力

测定表面张力的方法很多。本实验用最大气泡压力法测定乙醇水溶液的表面张力，实验装置如图 2-10-3 所示。

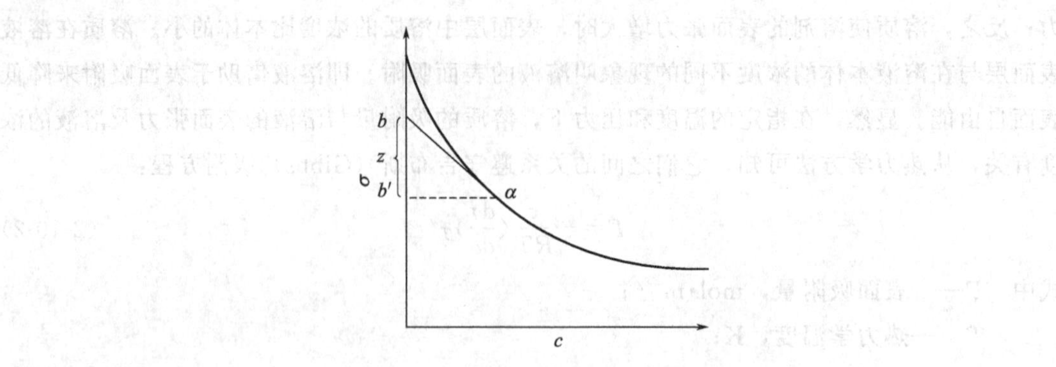

图 2-10-2　表面张力与浓度的关系

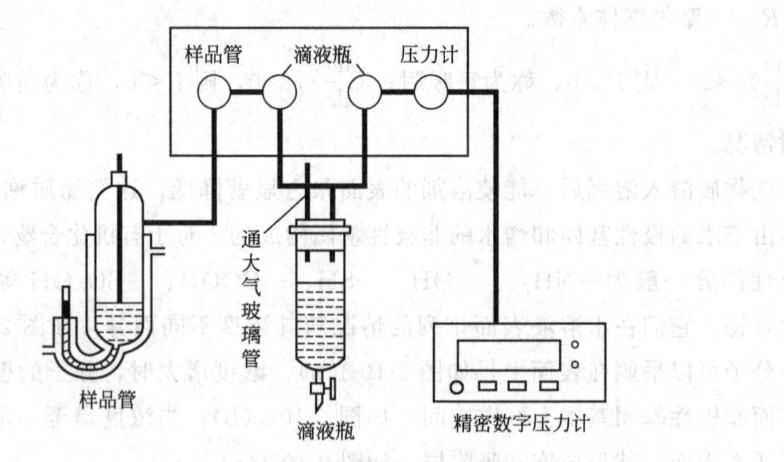

图 2-10-3　表面张力测定装置图

当毛细管下端端面与被测液体液面相切时，液体沿毛细管上升。打开滴液瓶（抽气瓶）的活塞缓缓放水抽气，此时测定管中的压力 p 逐渐减小，毛细管中的大气压力 p_0 就会将管中液面压至管口，并形成气泡（图 2-10-4）。其曲率半径恰好等于毛细管半径 r 时，根据拉普拉斯(Laplace) 公式，此时能承受的压力差为最大：

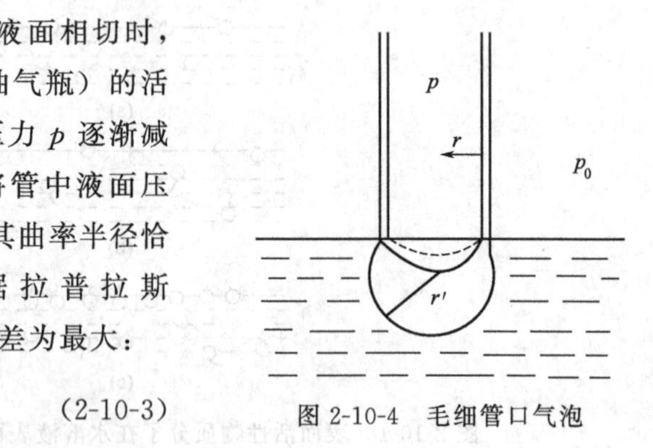

图 2-10-4　毛细管口气泡

$$\Delta p_{\max}=p_0-p=\frac{2\sigma}{r} \qquad (2\text{-}10\text{-}3)$$

式中　r——毛细管半径，mm；

p_0——大气压力（气泡外压力），Pa；

p——毛细管内压力（气泡内压力），Pa。

随着放水抽气，大气压力将把该气泡压至管口。曲率半径再次增大，此时气泡表面膜所能承受的压力必然减少，而测定管中的压力差却在进一步加大，故立即导致气泡破裂。最大压力差可通过精密数字压力计得到。

用同一根毛细管分别测定具有不同表面张力（σ_1 和 σ_2）的溶液时，可得下列关系：

$$\sigma_1=\frac{r}{2}\Delta p_1;\ \sigma_2=\frac{r}{2}\Delta p_2;\ \frac{\sigma_1}{\sigma_2}=\frac{\Delta p_1}{\Delta p_2}$$

$$\sigma_1=\sigma_2\frac{\Delta p_1}{\Delta p_2}=K\Delta p_1 \tag{2-10-4}$$

式中，K 为毛细管常数，可用已知表面张力的物质来确定。

三、 仪器与试剂

表面张力测定装置	超级恒温槽
滴管	电子天平（0.01g）
烧杯（20mL）	乙醇（A.R.）

四、 实验步骤

（1）配制溶液：使用0.01g或更高精度的电子天平称取无水乙醇，加入容量瓶中，加水至刻度。按照表2-10-1所示，配制8种浓度的乙醇水溶液（该步骤可由实验员老师完成）。

（2）按图2-10-3所示安装检查表面张力测定装置。将恒温水通入样品管，调节恒温槽至设定温度，设定温度应比室温高约5℃。

（3）仪器常数测定：在洗净的样品管中加入适量去离子水（蒸馏水），通恒温水10min以上。通过样品管下部的活塞调节液面高低，使得放入毛细管旋紧时，玻璃毛细管下端刚好与液面相切。每次测量前，要使精密数字压力计通大气，按一下“置零”按钮。然后，缓慢打开漏斗的活塞，使水慢慢滴下，毛细管中压力差逐步增大，当毛细管下端气泡匀速生成（约5～10s出一个气泡）后，从精密数字压力计上读取瞬间最大压差Δp_{max}（纯水瞬间最大压差为700～800Pa，否则需调换毛细管，或寻找其他原因）。读三次，取平均值。另外，可以通过第四章附录八查出实验温度时水的表面张力，利用式（2-10-4），求出仪器常数K。

（4）用上述方法，将样品管中的纯水换为不同浓度待测的乙醇水溶液，测得各溶液的Δp_{max}值。注意：每次更换溶液时，用待测溶液润洗样品管三次，将毛细管内外残留的上次液体去除干净。每次更换溶液后，在样品管中应恒温10min以上，为了节省时间，可先将盛待测溶液的容器放入恒温槽内恒温，恒温后的溶液放入样品管后再恒温3min。

（5）实验完毕，洗净玻璃容器。

五、 数据处理

1. 按照表2-10-1所示，记录实验数据，并根据第四章附录八查出实验温度下水的表面张力。计算不同浓度乙醇水溶液的表面张力。

表 2-10-1 实验数据

编号	0	1	2	3	4	5	6	7	8
预计浓度/$mol \cdot L^{-1}$	0	0.7	1.4	2.1	2.8	3.5	4.2	4.9	5.6
乙醇质量/g									
溶液体积/mL									
浓度/$mol \cdot L^{-1}$									
Δp_{max}/Pa(第1次)									
Δp_{max}/Pa(第2次)									
Δp_{max}/Pa(第3次)									
Δp_{max}/Pa(平均值)									
表面张力 σ/$mN \cdot m^{-1}$									
σ-c 曲线上$(\frac{d\sigma}{dc})_T$									
吸附量 Γ/$mol \cdot m^{-2}$									

2. 作 σ-c 曲线。

3. 在 σ-c 曲线上，求得各浓度点的斜率 $(\frac{d\sigma}{dc})_T$。

4. 根据吉布斯（Gibbs）吸附方程式，求算不同浓度溶液的吸附量 Γ 值，作 Γ-c 曲线。

六、提问思考

1. 在测量中，如果抽气速率太快，对测量结果有何影响？
2. 如果将毛细管末端插入溶液内部进行测量行吗？为什么？
3. 本实验中为什么要读取最大压力差？
4. 样品管的清洁与否和温度的不恒定对测量数据有何影响？

七、注解

1. 表面活性剂在工业和生活中被广泛用作去污剂、乳化剂、润湿剂以及起泡剂。它们的主要作用发生在界面上，所以研究这些物质的表面效应是有现实意义的。对于离子型表面活性剂，式（2-10-2）不适用。

2. 最大气泡压力法测定表面张力时，由于气泡曲率半径无法直接测得，一方面在精确测定中可用校正因子方法加以校正（具体方法可参阅第四章附录九）；另一方面建议使用计算机，利用数据处理软件（如 Origin 或 Excel）处理实验数据。

3. 做好本实验的关键在于玻璃器皿必须洗涤清洁；毛细管应保持垂直，其端部应平整；溶液恒温后，体积略有改变，应注意毛细管平面与液面接触处要相切。

4. 随着乙醇溶液的浓度逐渐增大，毛细管下端产生的气泡很难一个一个地冒出，而改变为一串一串地冒出，只要匀速便可。

实验十一 黏度法测量高聚物摩尔质量

一、目的与要求

1. 掌握用乌氏黏度计测定高聚物溶液黏度的原理和方法。

2. 测定聚乙二醇的黏均摩尔质量。

二、基本原理

黏度是液体流动时所表现出的阻力，这种力反抗液体中相邻部分的相对移动，因此可看作内摩擦。如图 2-11-1 所示，若在相距 ds 两平行板间盛以某种液体，两板分别以速度

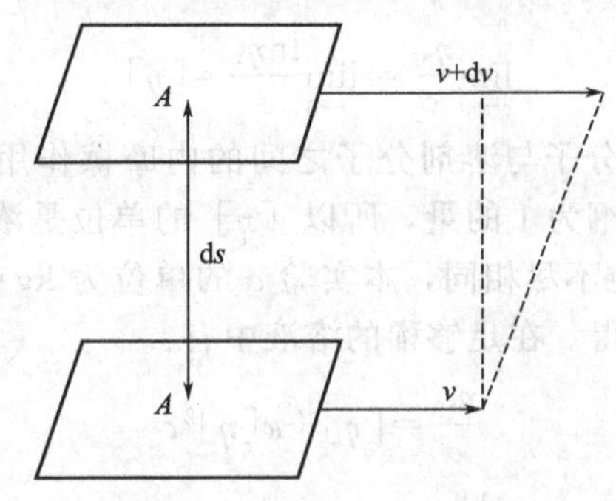

图 2-11-1 液体流动示意图

v 和 $v+\mathrm{d}v$ 匀速运动。如果将液体沿 ds 方向分成很多薄层（液层），则各液层的流速随 ds 值的不同而变化，流体的这种形变称为切变。流体流动时有速度梯度 $\mathrm{d}v/\mathrm{d}s$ 存在，运动较慢的液层阻滞较快的液层的运动，因此产生流动阻力。为了维持稳定的流动，保持速度梯度不变，要对上面的平板施加恒定的力（切力）。若板的面积是 A，则切力为：

$$F=\eta A\ \frac{\mathrm{d}v}{\mathrm{d}s} \tag{2-11-1}$$

式中，η 称为该液体的黏度系数（简称黏度），$\mathrm{kg\cdot m^{-1}\cdot s^{-1}}$。上式称为牛顿黏度公式。符合牛顿黏度公式的液体称为牛顿流体。

单体分子经加聚或缩聚过程便可合成高聚物。高聚物并非每个分子的大小都相同，即聚合度不一定相同，所以高聚物摩尔质量是一个统计平均值。对于聚合物的研究来说，高聚物平均摩尔质量是必须测定的重要数据之一。平均摩尔质量根据平均的方法不同，分为数均摩尔质量、质均摩尔质量、Z 均摩尔质量、黏均摩尔质量。每种平均摩尔质量可通过相应的物理或化学方法进行测定。

高聚物稀溶液的黏度反映了液体流动时内摩擦力的大小。这种流动过程中的内摩擦主要有：溶剂分子之间的内摩擦、高聚物分子与溶剂分子之间的内摩擦、高聚物分子之间的内摩擦。高聚物溶液的黏度则是这三种内摩擦之和，记作 η。高聚物溶液的特点是黏度较大，原因在于其分子链长度远大于溶剂分子，使其在流动时受到较大的内摩擦阻力。纯溶剂黏度反映了溶剂分子之间的内摩擦力，记作 η_0。在相同温度下，通常 $\eta>\eta_0$。相对于溶剂，溶液黏度增加的分数称为增比黏度，记作 η_{sp}，即：

$$\eta_{sp}=\frac{\eta-\eta_0}{\eta_0}=\eta_r-1 \tag{2-11-2}$$

式中，$\eta_r=\frac{\eta}{\eta_0}$，$\eta_r$为溶液与纯溶剂的黏度的比值，称作相对黏度。$\eta_r$反映的是溶液的黏度行为，而$\eta_{sp}$则为已扣除了溶剂分子间的内摩擦效应，仅反映了高聚物分子与溶剂分子间、高聚物分子与高聚物分子间的内摩擦效应。

可以认为，高聚物溶液的浓度变化，将会直接影响到η_{sp}的大小，浓度越大，黏度越大。因此，通常取单位浓度下呈现的黏度来进行比较，引入比浓黏度$\frac{\eta_{sp}}{c}$、比浓对数黏度$\frac{\ln\eta_r}{c}$的概念。为进一步消除高聚物分子间内摩擦的作用，将溶液无限稀释，当浓度c趋近于零时，高聚物分子之间相隔较远，它们之间的作用可以忽略，比浓黏度和比浓对数黏度趋近一个极限值，即：

$$\lim_{c\to 0}\frac{\eta_{sp}}{c}=\lim_{c\to 0}\frac{\ln\eta_r}{c}=[\eta] \tag{2-11-3}$$

$[\eta]$主要反映了高聚物分子与溶剂分子之间的内摩擦作用，称为高聚物溶液的特性黏度。由于η_{sp}和η_r均是量纲为1的量，所以$[\eta]$的单位是浓度c的倒数。在文献和实验教材中c及$[\eta]$所用单位不尽相同，本实验c的单位为$kg\cdot m^{-3}$，$[\eta]$的单位为$m^3\cdot kg^{-1}$，其数值可通过实验求得。在足够稀的溶液中有：

$$\frac{\eta_{sp}}{c}=[\eta]+\kappa[\eta]^2c \tag{2-11-4}$$

$$\frac{\ln\eta_r}{c}=[\eta]-\beta[\eta]^2c \tag{2-11-5}$$

式中，κ和β分别称为Huggins和Kramer常数。这样，以$\frac{\eta_{sp}}{c}$对c作图、以$\frac{\ln\eta_r}{c}$对c作图可得两条直线，对于同一高聚物，这两条直线在纵坐标轴上相交于一点，如图2-11-2所示，根据纵坐标截距可求出$[\eta]$的数值。

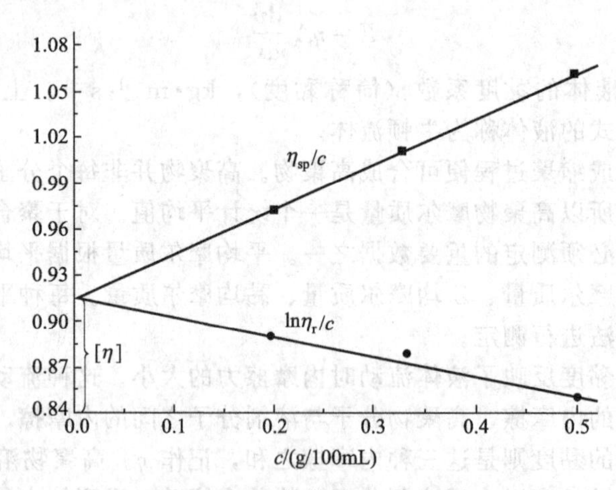

图2-11-2　外推法求$[\eta]$图

综上所述，溶液黏度的名称、符号及定义可归纳为表2-11-1。

表 2-11-1　溶液黏度的命名

名称	符号和定义
黏度	η
相对黏度	$\eta_r=\dfrac{\eta}{\eta_0}$（$\eta_0$ 为溶剂的黏度）
增比黏度	$\eta_{sp}=\eta_r-1=(\eta-\eta_0)/\eta_0$
比浓黏度	η_{sp}/c
比浓对数黏度	$\ln\eta_r/c$
特性黏度	$[\eta]=\lim\limits_{c\to0}(\eta_{sp}/c)=\lim\limits_{c\to0}(\ln\eta_r/c)$

由溶液的特性黏度［η］还无法获得高聚物的摩尔质量数据，高聚物溶液的特性黏度［η］与高聚物摩尔质量之间的关系，目前通常由半经验的麦克（H. Mark）经验方程式来求得：

$$[\eta]=k\overline{M}^{\alpha} \tag{2-11-6}$$

式中　$\overline{M}$——黏均摩尔质量，$kg\cdot mol^{-1}$；

k——常数，$m^3\cdot kg^{-1}$；

α——与分子形状有关的经验常数。

它们与温度、高聚物及溶剂的性质有关，通过一些其他的实验方法（如膜渗透法、光散射法等）确定。对于聚乙二醇的水溶液，不同温度下的 k、α 值如表 2-11-2 所示。

表 2-11-2　不同温度下聚乙二醇的相关值

t/℃	$k\times10^{-6}/m^3\cdot kg^{-1}$	α	$\overline{M}\times10^4$
25	156	0.50	0.019～0.1
30	12.5	0.78	2～500
35	6.4	0.82	3～700
40	16.6	0.82	0.04～0.4
45	6.9	0.81	3～700

测定液体黏度的方法主要有三类：用毛细管黏度计测定液体在毛细管中的流出时间；用落球式黏度计测定圆球在液体中的下落速度；用旋转式黏度计测定液体与同心轴圆柱体的相对转动情况。

本实验采用毛细管法测定黏度，是通过测定一定体积的液体流经一定长度和半径的毛细管所需时间而获得的，常用乌氏（Ubbelohde）和奥氏（Ostwald）黏度计，本实验使用乌氏黏度计，如图 2-11-4 所示。

当液体在重力作用下流经毛细管时，遵守泊肃叶（Poiseuille）定律：

$$\eta=\frac{\pi p r^4 t}{8lV}=\frac{\pi h\rho g r^4 t}{8lV} \tag{2-11-7}$$

式中　η——液体的黏度，$Pa\cdot s$；

r——毛细管的半径，m；

V——流经毛细管的液体体积，L；

t——该体积液体的流出时间，s；

l——毛细管长度，m；

p——当液体流动时在毛细管两端间的压力差（即液体密度 ρ，重力加速度 g 和流经毛细管液体的平均液柱高度 h 这三者的乘积），Pa。

用同一黏度计在相同条件下测定两个液体的黏度时，它们的黏度之比为：

$$\frac{\eta_1}{\eta_2}=\frac{p_1 t_1}{p_2 t_2}=\frac{\rho_1 t_1}{\rho_2 t_2} \tag{2-11-8}$$

如果用已知黏度为 η_1 的液体作为参考液体，则待测液体的黏度 η_2 可通过上式求得。

在测定溶剂和溶液的相对黏度时，如溶液的浓度不大（$c<10\text{kg}\cdot\text{m}^{-3}$），溶液的密度与溶剂的密度可近似地看作相同，故：

$$\eta_r=\frac{\eta}{\eta_0}=\frac{t}{t_0} \tag{2-11-9}$$

即只需测定溶液和溶剂在毛细管中的流出时间就可得到。

在测定过程中，经常出现一些如图 2-11-3 所示的异常现象，这并非操作不严格而是高聚物本身的结构及其在溶液中的形态所致。目前尚不能清楚地解释产生这些反常现象的原因，只能作一些近似处理。

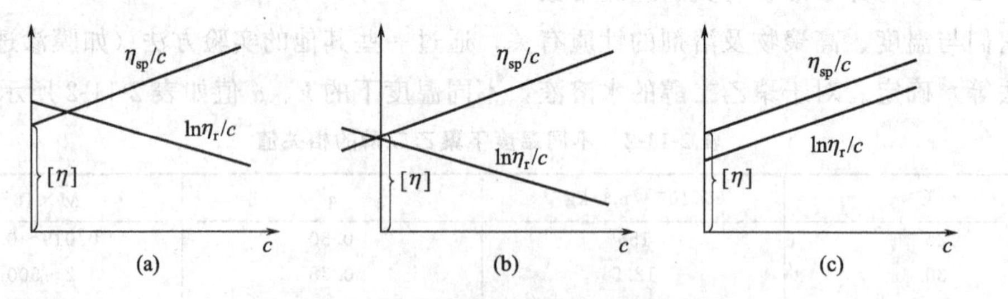

图 2-11-3 黏度测定中的异常现象示意图

当出现图 2-11-3 中的三种异常现象时，就以 $\frac{\eta_{sp}}{c}$ 与 c 的关系作为基准来求得高聚物溶液的特性黏度 [η]。即以 $\frac{\eta_{sp}}{c}$-c 线与纵坐标相交的截距求 [η]。

三、 仪器与试剂

SYP-Ⅲ玻璃恒温水槽	乌氏黏度计
具塞锥形瓶（50mL）	洗耳球
移液管（5mL、10mL）	容量瓶（25mL）
铁架台	吊锤
秒表	聚乙二醇（A. R.）

四、 实验步骤

(1) 将恒温水槽调至 (25±0.2)℃。

(2) 溶液配制：称取聚乙二醇 1.0g（称准至 0.001g），在 25mL 容量瓶中配成水溶液。配溶液时，要先加入溶剂至容量瓶的 2/3 处，待其全部溶解后恒温 10min，再用同样温度的蒸馏水稀至刻度。

(3) 洗涤黏度计：先用热洗液（玻璃砂芯漏斗过滤）浸泡，再用自来水、蒸馏水冲洗，经常使用的乌氏黏度计则用蒸馏水浸泡，去除留在黏度计中的高聚物。黏度计的毛细管要反复用水冲洗。

(4) 测定溶剂流出时间 t_0：将乌氏黏度计垂直夹在恒温水槽内，用吊锤检查是否垂直。乌氏黏度计如图 2-11-4 所示。将 10mL 纯溶剂自 A 管注入乌氏黏度计内，恒温数分钟，用胶管和夹子堵住 C 管上口，用洗耳球从 B 端吸溶剂，待液体升至 G 球的 1/2 时停止抽气。打开 C 管处的夹子，使其通大气，毛细管内液体即同 D 球中的液体分开，此时液体顺毛细管流下，用秒表测定液面在 a、b 两刻度线间移动所需时间。重复测 3 次，每次相差不超过 0.3s，取平均值。

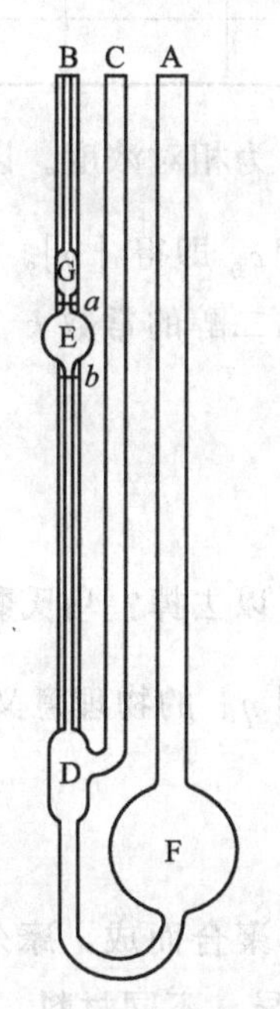

图 2-11-4 乌氏黏度计

(5) 测定溶液流出时间 t：取出乌氏黏度计，倒出溶剂，吹干。用移液管吸取 10mL 已恒温的高聚物溶液，浓度为 c_1，同上法测定流经 a、b 两刻度线间的时间 t_1。

(6) 再用移液管加入 5mL 已恒温的溶剂，使溶液浓度变为 c_2，用洗耳球从 C 管吸气和鼓气，将溶液慢慢地抽上流下数次，使之混合均匀，再如上法测定流经 a、b 两刻度线间的时间 t_2。同法，加入 5mL（即加入溶剂总量为 10mL）已恒温的溶剂，混匀后测定 t_3；再加入 5mL（即加入溶剂量为 15mL）已恒温的溶剂混匀后测定 t_4；最后加入 5mL（即加入溶剂量为 20mL）已恒温溶剂混匀后测定 t_5；即改变试样浓度，逐一测定不同浓度（c_2～c_5）溶液的流经时间。

(7) 实验结束后，将溶液倒入回收瓶内，用溶剂仔细冲洗乌氏黏度计 3 次，最后用溶剂浸泡，备用。

五、 数据处理

1. 按表 2-11-3 记录并计算各项数据。

表 2-11-3 实验数据与处理结果

项目		流出时间				η_r	η_{sp}	$\frac{\eta_{sp}}{c}$	$\ln\eta_r$	$\frac{\ln\eta_r}{c}$
		测量值			平均值					
		1	2	3						
溶剂					$t_0=$					
溶液	$c_1=$				$t_1=$					
	$c_2=$				$t_2=$					
	$c_3=$				$t_3=$					
	$c_4=$				$t_4=$					
	$c_5=$				$t_5=$					

2. 为了数据处理方便，设 $c_r=\frac{c}{c_0}$为相对浓度。以$\frac{\eta_{sp}}{c_r}$及$\frac{\ln\eta_r}{c_r}$分别对 c_r 作图，并作线性外推求得截距 A，以 A 除以起始浓度 c_0 即得 $[\eta]$。

3. 根据表 2-11-2，取 25℃时聚乙二醇的常数 k、α 值，按式（2-11-6）计算出它的黏均摩尔质量 $\overline{M}$。

六、 提问思考

1. 乌氏黏度计中的支管 C 是否可以去掉？乌氏黏度计有何优点？

2. 高聚物溶液的 η_r、η_{sp}、$\frac{\eta_{sp}}{c}$、$[\eta]$ 的物理意义是什么？

七、 注解

1. 高分子聚合物是由小分子单体聚合而成，摩尔质量是表征其特性的参数之一。摩尔质量不同，高聚物的性能有很大差异。不同材料、不同的用途对摩尔质量的要求是不同的，故测定高聚物的摩尔质量对生产和使用高分子材料有很重要的实际意义。

2. 黏度计必须洁净，如毛细管壁上挂有水珠，需用洗液浸泡（洗液经 2 号砂芯漏斗过滤除去微粒杂质）。

3. 高聚物在溶剂中溶解缓慢，配制溶液时必须保证其完全溶解，否则会影响溶液起始浓度，而导致结果偏低。

4. 本实验中溶液的稀释是直接在乌氏黏度计中进行的，所用溶剂必须先与溶液所在同一恒温槽中恒温，然后用移液管准确量取并充分混合均匀方可测定。另外，根据使用的乌氏黏度计 F 部位的大小，可以自行调节溶剂和溶液的体积用量，只要成比例即可，若最后一次浓度为 c_5 的溶液太多，可在均匀混合后倒出一部分，不影响测量结果。

5. 测定时乌氏黏度计要垂直放置，否则影响结果的准确性。

实验十二 电泳法测 $Fe(OH)_3$ 溶胶的 ζ 电势

一、 目的与要求

1. 掌握化学凝聚法制备 $Fe(OH)_3$ 溶胶和纯化溶胶的方法。

2. 掌握电泳法测定 ζ 电势的原理与技术，并测定 $Fe(OH)_3$ 溶胶的 ζ 电势。

二、 基本原理

胶体粒子的中心是一个由许多分子聚集而成的固体颗粒，即胶核。胶核表面吸附着的离子与静电引力下吸引的带相反电荷的离子（反离子）形成吸附层，反离子扩散分布在吸附层外围形成扩散层。吸附层随胶核一起运动，二者共同组成的粒子称为胶粒。胶核、吸附层、扩散层统称为胶团（图 2-12-1 和图 2-12-2）。

胶体溶液是一个高分散的多相体系，分散相胶粒和分散介质带有数量相等而符号相反的电荷，在相界面上建立了双电层结构（图 2-12-1），具有巨大的总表面积，因此具有很强的吸附能力，可以选择性地吸附介质中的某种离子，从而形成带电的胶粒。根据法扬斯规则，与胶体粒子有相同化学元素的离子优先被吸附。

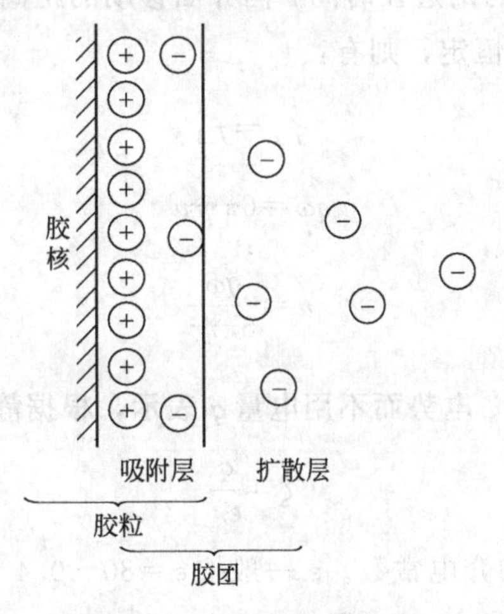

图 2-12-1 胶体相关概念

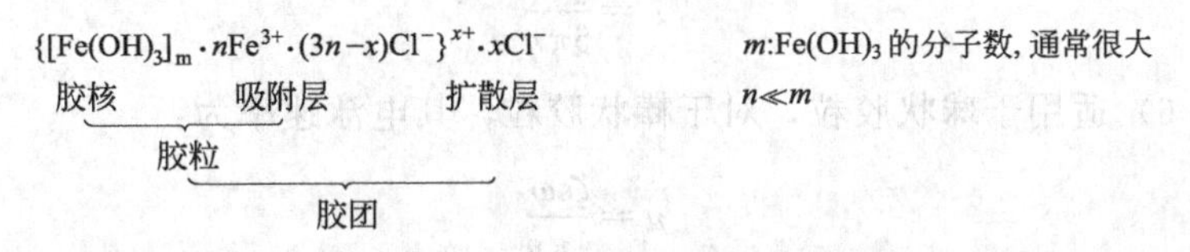

图 2-12-2 Fe（OH）$_3$ 溶胶示意图

在外加电场作用下，分散相胶粒对分散介质发生相对移动，称为电泳。电泳研究固体荷电粒子在电场作用下的定向运动。胶体中的胶粒和分散介质反向相对移动，就会产生电

位差，此电位差称为 ζ 电势。ζ 电势是表征胶粒特性的重要物理量之一，在研究胶体性质及实际应用中有着重要的作用。ζ 电势和胶体的稳定性有密切的关系。$|\zeta|$ 值越大，表明胶粒荷电越多，胶粒之间的斥力越大，胶体越稳定。反之，则不稳定。当 ζ 电势等于零时，胶体的稳定性最差，此时可观察到聚沉现象。因此无论制备或破坏胶体，均需要了解所研究胶体的 ζ 电势。ζ 电势可通过电泳实验测定。

电泳公式的推导：当带电的胶粒在外电场作用下迁移时，若胶粒的电荷为 q，两电极间的电位梯度为 ω，则胶粒受到的静电力为：

$$f_1 = q\omega \tag{2-12-1}$$

$$\omega = \frac{U}{l}$$

式中，U 为电泳管两端的电压，V；l 为两极间的导电距离，m。

球形胶粒在介质中运动时受到的阻力按斯托克斯（Stokes）定律为：

$$f_2 = 6\pi\eta r u \tag{2-12-2}$$

式中 η——水的黏度，25℃时，$\eta = 8.9\times10^{-4}\,\mathrm{Pa\cdot s}$；

r——胶粒的半径，m；

u——电泳的速率，$\mathrm{m\cdot s^{-1}}$，$u = \frac{d}{t}$；

d——胶粒在 U 形管的两边在时间 t 内界面移动的距离，m。

若胶粒运动速率 u 达到恒定，则有：

$$f_1 = f_2$$

即

$$q\omega = 6\pi\eta r u \tag{2-12-3}$$

$$u = \frac{q\omega}{6\pi\eta r} \tag{2-12-4}$$

胶粒的带电性质通常用 ζ 电势而不用电量 q 表示，根据静电学原理：

$$\zeta = \frac{q}{\varepsilon r} \tag{2-12-5}$$

式中 ε——不同温度时水的介电常数。ε 一般按 $\varepsilon = 80 - 0.4\,(T - 293)$ 计算。

将式（2-12-5）代入式（2-12-4）得：

$$u = \frac{\zeta\varepsilon\omega}{6\pi\eta} \tag{2-12-6}$$

式（2-12-6）适用于球状胶粒，对于棒状胶粒，其电泳速率为：

$$u = \frac{\zeta\varepsilon\omega}{4\pi\eta} \tag{2-12-7}$$

或

$$\zeta = \frac{4\pi\eta u}{\varepsilon\omega} \tag{2-12-8}$$

式（2-12-7）和式（2-12-8）即为电泳公式。同样，若已知 ε、η，则通过测量 u 和 ω，

代入式（2-12-8）也可算出 ζ 电势。

三、 仪器与试剂

DYJ 电泳仪	电导率仪
滴管	烧杯（250mL、1000mL）
电炉	细丝
直尺	半透膜
KCl（A. R.）	$FeCl_3$
$AgNO_3$ 溶液（1%）	KCNS 溶液（1%）

四、 实验步骤

1. 溶胶的制备与纯化

（1）水解反应制备 $Fe(OH)_3$ 溶胶：在 250mL 烧杯中加入 100mL 去离子水，加热至沸。慢慢滴加 20%$FeCl_3$ 溶液 10～20mL，并不断搅拌，加完后继续煮沸 5min，由水解而得到红棕色 $Fe(OH)_3$ 溶胶。在溶液冷却时，反应要逆向进行，因此所得 $Fe(OH)_3$ 水溶胶必须进行渗析处理。

（2）热渗析法纯化 $Fe(OH)_3$ 溶胶：将制得的 $Fe(OH)_3$ 溶胶置于半透膜袋内，排出空气（防止加热后胀袋），用线拴住袋口，置于 1000mL 的清洁烧杯内。在烧杯内加去离子水约 300mL，保持温度在 60～70℃之间（烧杯内水温降到 60℃以下，则需要换水），进行热渗析。并取出 1mL 水检查其中 Cl^- 及 Fe^{3+}，分别用 1%$AgNO_3$ 及 KCNS 溶液进行检验，直至不能检查出 Cl^- 和 Fe^{3+} 为止，即 Fe（OH）$_3$ 溶胶的电导率越低越好，大约在 $100\mu S \cdot cm^{-1}$ 以下。将纯化过的 $Fe(OH)_3$ 溶胶移置于 250mL 清洁干燥的试剂瓶中，放置一段时间进行老化，老化后的 $Fe(OH)_3$ 溶胶即可供电泳实验使用。

2. 测定 $Fe(OH)_3$ 溶胶的 ζ 电势

（1）KCl 稀溶液浓度的确定：KCl 稀溶液作为电泳测量辅助液，其浓度必须按其电导率与溶胶的电导率相等的原则配制。配制稀溶液前，先测定溶胶的电导率，然后测定 KCl 稀溶液的电导率，调节其中 KCl 的浓度直至其电导率与溶胶的电导率相等。增减 KCl 浓度，可采用往溶液中增加 KCl 或添加去离子水的办法。

（2）如图 2-12-3 所示，关闭活塞，将待测的 $Fe(OH)_3$ 溶胶由侧管加入，液面至侧管球形的 4/5 处为宜。将电导率与溶胶相同的适量稀 KCl 溶液（辅助液）注入 U 形电泳测定管（注：在测量前，电泳测定管必须洗净并烘干）中 3～5mL 刻度处。然后慢慢开启活塞，使溶胶缓慢（尽量慢）地进入 U 形管中，这时可观察到溶胶与 KCl 溶液之间有一明显界面，且上部的 KCl 溶液随溶胶缓缓进入 U 形管而升高。当 KCl 溶液浸没电极一定深度后关闭活塞，记下测定管中的液面高度，并作标记。

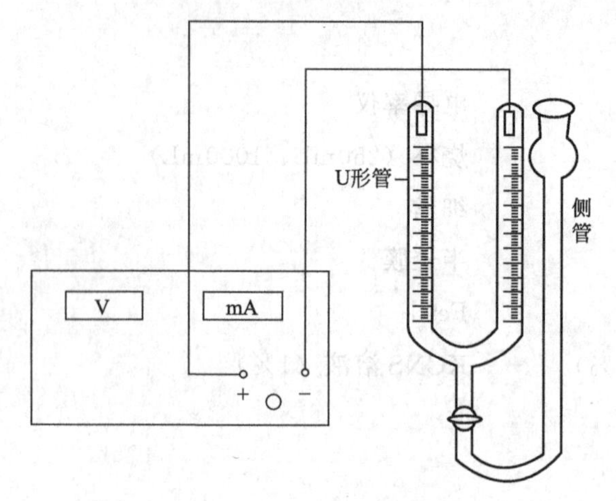

图 2-12-3　电泳示意图

(3) 将两电极导线接在电泳仪的输出端，调节输出电压在 30～40V，调好电压后接通电泳电源，同时开动秒表计时，并记下这一瞬间的界面高度。通电 40～50min，断开电源，记下界面移动距离 d 及通电时间 t。注意观察溶胶的电泳方向。

(4) 用细丝测量两电极端点在 U 形管中沿 U 形管的导电距离 l，测量 4～5 次取平均值。

五、 数据处理

1. 记录室温（℃）、电泳时间 t(s)、电压 U(V)、两电极间距离 l(m)。

2. 由 U 形管的两边在时间 t 内界面移动的距离 d 值，计算电泳的速率 u，再由测得的电压 U 和两电极间的导电距离 l，计算电位梯度 ω，然后将 u 和 ω 代入式（2-12-8）计算出 $Fe(OH)_3$ 胶粒的 ζ 电势。

六、 提问思考

1. 如果电泳仪事先没有洗净，管壁上残留有微量的电解质，对电泳测量的结果将有什么影响？

2. 电泳速率的快慢与哪些因素有关？

3. 根据实验现象判断本实验中的 $Fe(OH)_3$ 胶粒带何种电荷？为什么？

4. 实验过程中为何要保证 KCl 辅助液的电导率与溶胶的电导率值相同？

七、 注解

1. 根据扩散双电层模型，胶粒上的表面紧密层电荷相对固定不动，而液相中的反离子则受到静电吸引和热运动扩散两种力的作用，故而形成一个扩散层。ζ 电势是紧密层与扩散层之间的电势差。ζ电势也就是胶粒所带电荷的电动电势，是胶粒稳定的主要因素，不过有关ζ电势的确切物理意义尚不够清楚。

2. 利用式（2-12-8）计算ζ电势时，应注意式中各物理量用SI单位时，计算所得ζ电势单位为伏特；如果人为规定各物理量的单位，则需对公式作相应修改。

3. 溶胶的制备条件和纯化效果均影响电泳速度。胶体制备过程应很好地控制浓度、温度、搅拌速度和滴加速度。渗析时应控制水温，常搅动渗析液，勤换渗析液。这样制备得到的溶胶胶粒大小均匀，胶粒周围的反离子分布趋于合理，基本形成热力学稳定态，所得的ζ电势准确，重复性好。

4. 渗析后的溶胶必须冷至与辅助液大致相同的温度（室温），以保证两者所测得电导率一致，同时避免打开活塞时产生热对流而破坏了溶胶界面。

第五节 计算化学

实验十三 乙烯醇异构化反应过渡态的优化与分析

一、 目的与要求

1. 理解势能面、静态点、几何构型优化、过渡态、最小能量途径的意义。

2. 掌握用B3LYP方法优化乙烯醇和乙醛分子的稳定几何构型及其过渡态结构。

3. 掌握结构优化结果文件的分析方法，了解键长、键角、能量、能量的相对值、活化能、振动频率等化学反应的微观信息。

二、 基本原理

微观水平上的化学反应，用传统实验手段无法描述其反应过程，另外，反应本质涉及的抽象理论，使学生很难理解。随着科技的进步，利用理论方法与计算技术，模拟分子运动的微观行为，将反应体系放大，学生可以看到更丰富、更真实的化学世界，同时还可以加强学生对相关理论知识的理解。

运用理论计算方法模拟反应的过渡态构型及其反应路径，可以可视化展示出反应的详细微观状态，对化学键的形成或断裂等反应机理进行生动形象的模拟和解析。本实验基于理论计算，采用高斯（Gaussian）软件模拟乙烯醇异构化反应到乙醛的微观信息，实现反应微观信息的可视化。使学生更好地掌握抽象的理论知识，进一步激发学生对微观反应的学习兴趣。以下为本实验涉及的一些概念。

势能面：由于分子自身几何构型微小变化产生的能量变化而绘制的能量图。势能面是连接几何构型和能量的数学对应关系曲线。势能面概况图见图2-13-1。

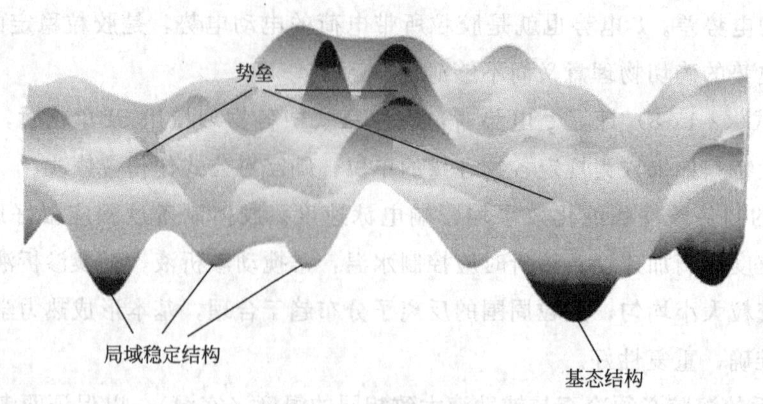

图 2-13-1　势能面概况图

静态点：对于所有极值，其能量对坐标的一阶偏导数，即梯度为零，这样的点称为静态点。

几何构型优化：是指在势能面上寻找极值点，极值点对应的几何构型就是分子可能的平衡几何构型。寻找分子的平衡几何构型是量子化学计算中比较常见的应用。本实验涉及反应物乙烯醇分子、产物乙醛分子和过渡态分子的几何构型优化。

过渡态：从反应物到生成物之间形成的势能较高的活化络合物。在分析一个反应发生的难易程度及解释反应机理时，过渡态的寻找及其能量的高低显得尤为重要。然而，过渡态的寻找是一个相对复杂的工作，方法很多，给定的初始构型越接近真实的过渡态，则越容易找到，本实验采用逐点优化法寻找过渡态。首先选定主反应坐标，固定反应坐标进行优化得到该结构的最小能量，逐渐增大反应坐标使之从反应物到达产物构成反应途径。在反应坐标变化过程中能量出现一个最大值，即过渡态的初始构型，进一步对其进行过渡态优化得到所要寻找的过渡态。

在本实验中，首先使用 Gaussian 09 程序包在 B3LYP/6-31G* 水平下优化乙烯醇和乙醛的稳定几何构型以及计算其振动频率，其中 B3LYP 方法是一种杂化的密度泛函方法，6-31G* 是本实验中使用的基组。然后使用逐点优化法在同一水平下寻找乙烯醇反应生成乙醛的过渡态初始几何构型。在得到的初始几何构型的基础上，进一步优化得到反应的过渡态，并对此过渡态做振动分析以确认其正确性。

三、软件与硬件

软件：Gaussian 09，GaussView　　　　　　硬件：计算机

四、实验步骤

1. 构建初始构型

本实验采用 GaussView 软件，根据化学键理论构建反应物乙烯醇分子和产物乙醛分子的初始几何构型，如图 2-13-2 所示。

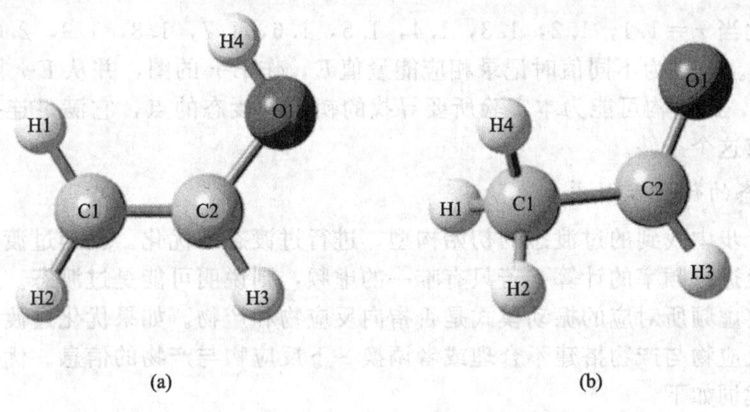

图 2-13-2 乙烯醇（a）和乙醛（b）分子初始几何构型示意图

2. 反应物和产物的几何构型优化

一般从初始几何构型开始，计算分子的能量和梯度，由得到的结果决定下一步的方向和步长。计算不能无限地进行下去，判定是否可以结束优化计算的依据是达到收敛标准。本实验利用 Gaussian 09 软件从输入的反应物和产物的初始几何构型开始，沿势能面进行优化计算，其目的是要找到一个梯度为零的点，即优化至几何构型的能量最低值，得到反应物和产物的稳定构型。然后在得到的稳定构型基础之上，进行频率计算，反应物和产物均没有虚频，即所有的频率均为实频，优化及频率分析的关键词如下。

（1）反应物优化及频率分析的关键词（对应 Gaussian 09 软件中 Route Section 部分）：

＃p B3LYP/6-31G* opt freq

（2）产物优化及频率分析的关键词：

＃p B3LYP/6-31G* opt freq

电荷和多重度分别为 0，1。

3. 逐点优化寻找过渡态的初始构型

本实验中反应物到产物结构的主要变化是 H4 原子从 O1 原子迁移到左侧的 C1 上，因此可以用 C1—H4 键的键长作为主反应坐标 r。乙烯醇到乙醛分子的 r 从 2.4Å 变化到 1.0Å（1Å＝0.1nm），选择中间的一些点，比如 2.3Å，2.2Å，2.1Å，…，1.1Å 等。然后分别固定每一个主反应坐标 r，优化其结构并得到能量，找到 r 变化过程中能量最大时对应的一个点，即是过渡态的初始构型。

所以，首先设结构参数 $r=1.1$（写关键词时将其与变量说明部分空一行），然后用 $r=1.1$ 时优化得到的分子几何构型去优化 $r=1.2$ 时的分子，由此逐点计算。优化的关键词如下：

＃p B3LYP/6-31G* opt＝z-matrix

电荷和多重度分别为 0，1

* * * * * *

r=设定的碳氢（C1—H4）键长

分别优化当 r=1.1，1.2，1.3，1.4，1.5，1.6，1.7，1.8，1.9，2.0，2.1，2.2，2.3 时的结构。当 r 为不同值时记录相应能量值 E，作 E-r 的图，并从 E-r 图中找到 E 最高时的键长 r，此结构可能为本实验所要寻找的初始过渡态的点，它满足连接反应物和产物的能量高点这个条件。

4. 过渡态的优化及计算

使用第 3 步中找到的过渡态的初始构型，进行过渡态的优化。找到过渡态后，在结构文件的基础上进行频率的计算。若只有唯一的虚频，则说明可能是过渡态。且确认过渡态结构时，观察虚频所对应的振动模式是否指向反应物和产物。如果优化过渡态得到很小的虚频，可能反应物与产物搭建不合理或者调换一下反应物与产物的信息。优化过渡态及频率分析的关键词如下：

#p　B3LYP/6-31G*　opt=（ts，noeigentest）freq

电荷和多重度分别为 0，1

五、 数据处理

1. 通过 GaussView 软件查看乙烯醇、乙醛以及过渡态几何结构的结构参数（键长、键角、二面角），并按表 2-13-1 记录结构参数。

表 2-13-1　实验数据

结构	结构参数							
	键长					键角		二面角
	C1H1	C1C2	C2H3	C2O1	O1H4	H1C1C2	C1C2O1	H1C1C2O1
乙烯醇								
乙醛								
过渡态								

2. 根据优化的分子构型结构，分析反应过程中反应物分子构型的转变过程。根据反应物、产物和过渡态的能量信息，绘制出能垒和反应过程示意图（图 2-13-3），并计算反应的活化能。

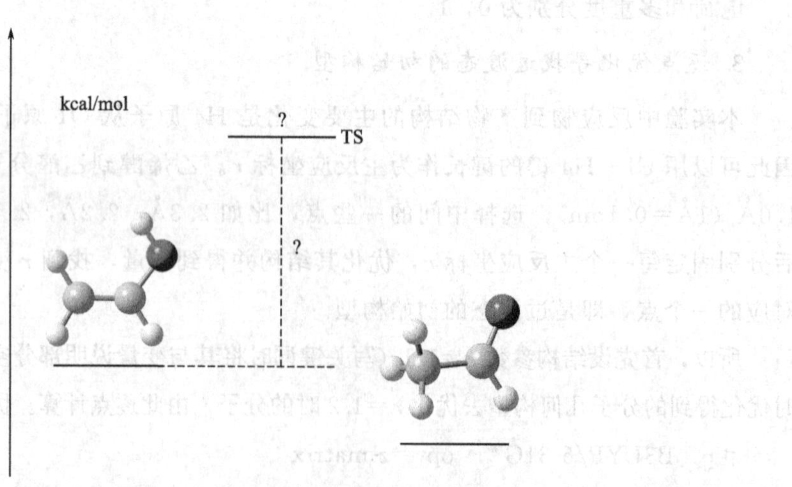

图 2-13-3　反应过程示意图

记录结构参数时，要求键长保留 3 位小数，单位为 Å。键角和二面角保留 1 位小数，单位为（°）。分子的总能量，保留 5 位小数，单位为 hartree，它与标准能量单位的换算关系为：1hartree＝627.51kcal·mol^{-1}＝2625.50kJ·mol^{-1}。

六、 提问思考

1. 通过比较过渡态构型与原始构型，说明该反应的过程。

2. 确定寻找出来的过渡态，输出振动模式。

实验十四 平面交替四元环 6π 电子体系 N_2X_2（X= O 和 S）的芳香性研究

一、 目的与要求

1. 理解“4*n*＋2”规则、芳香性概念、核独立化学位移（NICS）、过渡态（TS）的物理意义。

2. 掌握用 B3LYP 方法和 CCSD 方法优化 N_2X_2（X＝O 和 S）的稳定几何构型及其过渡态结构，以及用 MP2 方法计算体系的 NICS。

3. 掌握结构优化和 NICS 计算结果文件的分析方法，进而了解分子结构稳定性与芳香性的关系。

二、 基本原理

目前，随着理论化学和计算机科学的发展，计算量子化学被广泛应用到各个学科领域，尤其是生命科学和材料科学领域。芳香性概念源于有机化合物，表现出独特的几何构型、能量和磁性特性，尤其对环状有机共轭分子，Huckel（休克尔）认为若 π 电子总数满足“4*n*＋2”规则，就具有芳香性。芳香性与稳定性有一定关系，即芳香性越强，稳定性越高。今天，芳香性的应用领域远远超过传统的限制，已扩展到多环和杂环体系。为了探讨芳香性与稳定性是否有正相关的问题，本实验选取和 N_4^- 等 π 电子的平面交替四元环体系 N_2X_2（X＝O 或 S）来研究芳香性和稳定性的关系。

判断芳香性的标准有很多，最常用的标准是能量、结构和磁性。芳香性的磁性特征包括重要的磁化系数和核独立化学位移（nucleus-independent chemical shift，NICS）。NICS 作为芳香性判据的一个标准，其定义是在某个人为设定的不在原子核位置（通常为平面环或原子簇的几何中心）上的磁屏蔽值的负值。负值越大，则芳香性越强，相反，当 NICS 值为正值时，表现出反芳香性。本实验选择 NICS 的标准作为其芳香性判据。

寻找分子或离子的平衡几何构型是量子化学计算中最常见、最普遍的应用。一些实验难测定的几何构型，都需要量子化学计算来进行理论预测。优化几何构型，一般是从实验测定的构型出发，如无实验构型，则根据化学键理论，应用 GaussView 程序搭建几何构型，做简单计算进行筛选，确定优化的构型。在这个过程中，通常采用能量梯度法，它的优点在于它是自洽场计算，做一次能量梯度法计算，可获得（$3N-6$）个独立的力，相当于进行了（$3N-6$）次自洽场计算所能提供的信息，可有效地寻找到的能量极小。

过渡态是从反应物到生成物之间形成的势能较高的活化络合物。过渡态的寻找方法很多，给定的初始构型越接近真实的过渡态，则越容易找到。本实验结合 N_2X_2 的反应物和产物的几何构型，采用直接猜测过渡态初始构型的方法，然后进行过渡态优化（OPT＝TS)。这一方法一般与关键词 Calcfc（计算力常数）连用，即用 Newton-Rhapson 方法对力常数矩阵进行数值计算，这样虽然加大了计算量，但同时也增加了过渡态优化成功的机会，可以有效地寻找到理想的过渡态。若 Hessian 矩阵有且只有一个负本征值，其他本征值均为正，则该点是势能面中的极值点，它是寻找的反应中的过渡态，对应即将断开的键或将结合的键。

为了验证寻找到的过渡态确实是某个反应的过渡态，需要使用内禀反应坐标方法（intrinsic reaction coordinate，IRC）来检验。从过渡态出发沿着势能梯度让矢量移动一小步，直至达到能量极小，即反应物或产物，则证实该过渡态就是此反应的过渡态。

在得到平衡几何构型后进行振动频率计算，使用 Freq 关键词，Gaussian 09 程序在自洽场解 HF 方程的基础上可进行分子的红外/拉曼振动频率、振动强度和零点振动能的计算以及振动模式的分析。

本实验中，使用 Gaussian 09 程序包在 B3LYP/6-311＋G* 和 CCSD/6-311＋G* 理论水平下优化 N_2X_2(X＝O 或 S）的几何构型和计算其振动频率。B3LYP 方法是一种杂化的密度泛函方法，CCSD 方法是一种单双激发的偶合簇方法。CCSD 方法所计算的结果比 B3LYP 方法更精确。6-311＋G* 是考虑了弥散函数的 3－ζ 极化价劈裂基组。在 CCSD/6-311＋G* 理论水平下，使用内禀反应坐标（IRC）方法对连接反应物和产物的最小能量反应路径进行复核。在 MP2/6-311＋G* 理论水平下计算 N_2X_2（X＝O，S）化合物的 NICS 值。

三、 软件与硬件

软件：Gaussian 09，GaussView　　　　　　　　硬件：计算机

四、 实验步骤

1. N_2X_2 （X＝O,S）化合物的几何构型优化

首先，在 GaussView 中构建 N_2O_2 和 N_2S_2 的分子几何构型（图 2-14-1），然后利用 Gaussian 09 程序包分别在 B3LYP/6-311＋G* 和 CCSD/6-311＋G* 理论水平下进行几何构型优化，优化至几何构型的能量最低值，得到反应物和产物的平衡几何构型。在此基础之上，进行频率计算，若没有虚频，即所有的频率均为实频，则确定为稳定几何构型。优化的关键词如下：

```
#p  B3LYP/6-311+G*  opt  freq=noraman
```

＃p　CCSD/6-311＋G*　opt　freq＝noraman

电荷和多重度为 0，1

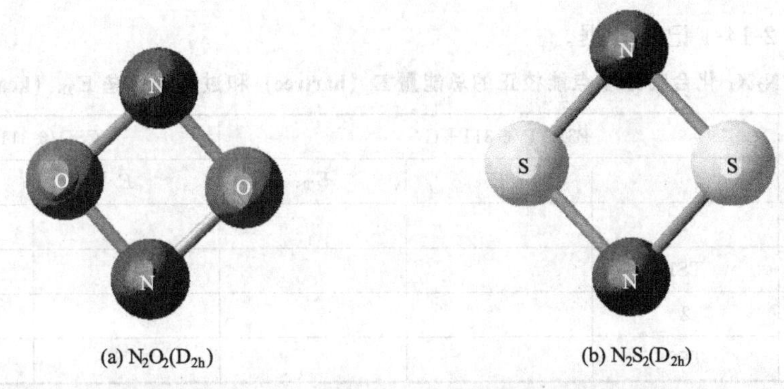

图 2-14-1　N_2X_2(X＝O，S) 的初始几何构型

2. N_2X_2→2NX 分解反应中的过渡态优化和验证

结合 N_2X_2 的反应物和产物的几何构型，采用直接猜测过渡态的初始构型（图 2-14-2），然后用 B3LYP 和 CCSD 方法分别对过渡态进行几何构型优化。关键词如下：

＃p　B3LYP(fc,maxcyc＝100)/6-311＋G*　opt(ts,maxcyc＝200)freq＝noraman

＃p　CCSD(fc,maxcyc＝100)/6-311＋G*　opt(ts,maxcyc＝200)freq＝noraman

电荷和多重度为 0，1

其次，进行 IRC 解析计算，验证过渡态。沿势能梯度分别向反应物和产物走势的关键词：

＃p　B3LYP/6-311＋G*　irc(stepsize＝5,maxpoint＝50,rcfc,reverse)

＃p　B3LYP/6-311＋G*　irc(stepsize＝5,maxpoint＝50,rcfc,forward)

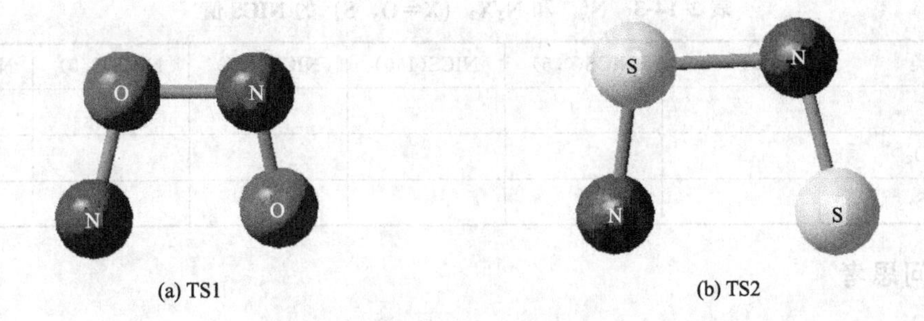

图 2-14-2　N_2X_2(X＝O，S) 过渡态的初始几何构型

3. N_2X_2(X＝O,S) 化合物的芳香性（NICS）计算

本实验利用 MP2 理论方法计算其结果，再用 GIAO-HF 方法分别计算研究体系的分子平面中心以及平面上 0.5Å、1.0Å、1.5Å、2Å 和 2.5Å 处的 NICS 值，关键词如下：

＃p　MP2/6-311＋G*　NMR

＊＊＊＊＊＊

Bq　0.000000　0.000000　1.000000（或 0.5Å、1.0Å、1.5Å、2.0Å 和 2.5Å）

五、 数据处理

1. 按照表 2-14-1 记录数据。

表 2-14-1　N_2X_2 化合物经零点能校正的总能量 E（hartree）和过渡态势垒 E_{TS}（$kcal \cdot mol^{-1}$）

化合物		B3LYP/6-311+G*		CCSD/6-311+G*	
		E	E_{TS}	E	E_{TS}
N_2O_2	1				
	TS1				
N_2S_2	2				
	TS2				

2. 在 B3LYP/6-311+G* 和 CCSD/6-311+G* 理论水平下，按表 2-14-2 记录数据。

表 2-14-2　N_2 和 N_2X_2 分子的 HOMO-LUMO 的能级差 $E_{HOMO-LUMO}$（eV）和反应 $N_2X_2 \longrightarrow 2NX$ 的分解能 DE（$kcal \cdot mol^{-1}$）

种类	$E_{HOMO-LUMO}$		DE	
	B3LYP/6-311+G*	CCSD/6-311+G*	B3LYP/6-311+G*	CCSD/6-311+G*
N_4^{2-}				
N_2O_2				
N_2S_2				

3. 在 GIAO-HF/6-311+G*//MP2/6-311+G* 理论水平下，按表 2-14-3 分别记录数据。

表 2-14-3　N_4^{2-} 和 N_2X_2（X=O，S）的 NICS 值

种类	NICS(0.0)	NICS(0.5)	NICS(1.0)	NICS(1.5)	NICS(2.0)	NICS(2.5)
N_4^{2-}						
N_2O_2						
N_2S_2						

六、 提问思考

1. 通过计算 NICS，在分子平面上哪个位置芳香性更强？比较 N_4^{2-} 和 N_2O_2、N_2S_2 哪个芳香性更强？

2. 通过计算 $N_2X_2 \longrightarrow 2NX$ 的分解能(DE)，比较 N_2O_2 和 N_2S_2 的分解趋势。

3. 通过实验，对于 N_2O_2 和 N_2S_2 化合物，芳香性和稳定性有何关系？

第三章 拓展实验

实验十五 电池电动势法测定碘化银的溶度积

一、 目的与要求

1. 根据可逆电池理论设计原电池，测定碘化银的溶度积。

2. 掌握 Ag-AgI 电极的制备方法。

3. 锻炼学生动手解决实际问题的能力，加深对液接电势概念的理解及学会消除液接电势的方法。

二、 基本原理

电池电动势法是测定难溶盐溶度积的常用方法之一。测定碘化银的溶度积，可以设计下列电池：

$$Ag(s)|AgI(s)|KI(\alpha_1)\parallel AgNO_3(\alpha_2)|AgI(s)|Ag(s)$$

Ag-AgI 电极的电极电势可用下式表示：

$$\varphi=\varphi^{\ominus}-\frac{2.303RT}{F}\lg a(I^-) \tag{3-15-1}$$

由于 AgI 的溶度积 K_{sp} 为：

$$K_{sp}=a(Ag^+)a(I^-) \tag{3-15-2}$$

将式（3-15-2）代入式（3-15-1）得

$$\varphi=\varphi^{\ominus}-\frac{2.303RT}{F}\lg K_{sp}+\frac{2.303RT}{F}\lg a(Ag^+) \tag{3-15-3}$$

电池的电动势 E 为两电极电势之差：

$$\varphi_{右}=\varphi^{\ominus}-\frac{2.303RT}{F}\lg K_{sp}+\frac{2.303RT}{F}\lg a(Ag^+)$$

$$\varphi_{左}=\varphi^{\ominus}-\frac{2.303RT}{F}\lg a(I^-)$$

$$E=\varphi_{右}-\varphi_{左}=-\frac{2.303RT}{F}\lg K_{sp}+\frac{2.303RT}{F}\lg[a(Ag^+)a(I^-)]$$

整理后得：

$$\lg K_{sp}=-\frac{EF}{2.303RT}+\lg[a(Ag^+)a(I^-)] \tag{3-15-4}$$

若已知银离子和碘离子的活度，测定了电池的电动势值就能求出碘化银的溶度积。

三、设计要求

1. 制备 Ag-AgI 电极，制得的 Ag-AgI 电极电势之差不大于 5×10^{-4}V。
2. 设计电池。
3. 根据测得的电池电动势计算碘化银的溶度积。

四、数据处理

1. 记录上述电池的电动势。

2. 已知 25℃时，$0.1000mol\cdot kg^{-1}$ 硝酸银溶液中银离子的平均活度系数为 0.731，$0.1000mol\cdot kg^{-1}$ 碘化钾溶液中碘离子的平均活度系数为 0.800，并将测得的电池电动势代入式（3-15-4），求出碘化银的溶度积。

3. 将本实验测得的碘化银的溶度积与文献值比较。

五、提问思考

1. 试分析有哪些因素影响实验结果？
2. 简述消除液接电势的方法。

六、注解

1. 本实验所用试剂均为分析纯，溶液用三重蒸馏水配制。

2. 采用双层三口瓶组成原电池，并通入 25℃的恒温水。待稳定后，用 SDC 数字电位差计测量 25℃时电池的电动势。

实验十六　基于金不换有效成分构建抗药物依赖药效团模型

少数民族药用植物的微观理论研究和药效机制的探索是当前热门研究领域。通过本实验，让学生在学习了物理化学理论知识的基础上了解和掌握微观分子模拟技术，并用于研究少数民族药用植物的药效机制，即让学生熟悉计算机辅助药物设计的基本方法和技能，能自己动手开展简单的药物设计研究，又能发挥学生的想象力和创造力。该实验适用于化学、制药工程、生物科学和生物技术专业的大学三年级学生。

一、 目的与要求

1. 了解和确定金不换有效成分的活性构象。

2. 了解和掌握计算机辅助药物设计软件 Discovery Studio 3.5（DS）中 Pharmacophore（药效团模型）模块的使用方法。

3. 掌握药效团模型的验证方法。

二、 基本原理

我国华南和西南地区少数民族常用药防己科千金藤属植物金不换在抗药物依赖治疗领域已有一定的应用，并已应用于临床。20 世纪 70 年代以来，国内外学者围绕金不换的化学成分和其药理作用做了大量研究，马养民将金不换中具有生物活性的生物碱类型归纳为原小檗碱型、阿朴菲型、原阿朴菲型、吗啡型、莲花氏烷型、苄基异喹啉型和双苄基异喹啉型七大类，其中原小檗碱型生物碱、吗啡型生物碱和双苄基异喹啉型生物碱中的一些有效成分在抗药物依赖方面具有较强的药理作用，与治疗瘾者戒断症状有密切关系。

药效团模型方法是一种非常有效的基于配体结构的计算机辅助药物分子设计方法，可以用来寻找结构全新的先导化合物。自药效团概念提出以来，药效团模型方法得到了长足的发展和广泛的应用。

药物化学家在进行化合物改造时，发现改变化合物的某些原子或者基团，对化合物与靶标分子的结合能力或其生物活性会发生很大的影响（急剧上升或降低）。对于同一种受体，一系列化合物所共有的原子或原子团对配体分子与受体的结合起重要作用，则称这些原子或原子团为药效特征元素。药效团模型（Pharmacophore）就是指这些药效特征元素及其在空间的分布特征。

药效特征元素由分子集合中化合物的实验数据来确定，所以对化合物的活性起重要作用的基团通常被选作药效特征元素。被用来构建药效团的元素是化合物集合中高活性化合物共有的原子或官能团及其生物电子等排体，这些原子或官能团与受体结合位点形成氢键，存在静电相互作用、范德华相互作用或疏水相互作用。例如一些杂原子（如氧原子）、羟基、羰基、羧基和酰氨基等。另外一些药物经常会含有芳香性基团，而芳香性基团可能会与受体的芳香性侧链形成 π-π 相互作用。

药效团模型的构建主要有两种方法：第一种方法是在受体结构未知或者在作用机制不明确的情况下，通过事先收集一系列活性小分子，进行结构-活性研究，并结合构象分析、分子叠合等手段，得到一个基于这些配体分子的共同特征的药效团模型。该药效团可以反映这些化合物在三维结构上一些共同的原子、基团或化学功能结构及其空间取向，这些特征往往对于配体的活性起着至关重要的作用。第二种方法就是受体结构已知的情况下，分析受体的作用位点以及配体分子和受体之间的相互作用模式，根据预测的复合物结构或相互作用信息来推知可能的药效团结构，得到基于受体结构或受体-配体复合物的药效团模型。

本实验采用第一种方法，即应用 DS 3.5 中的 Pharmacophore（药效团模型）模块中的 HipHop 方法进行抗药物依赖药效团模型的构建。HipHop 是基于配体共同特征的药效团模型方法，来源于经典的 Catalyst 程序，主要用于从一组预先收集好的活性小分子配体出发，进行分子叠合和共同药效特征搜寻，从而得到基于配体共同特征的药效团模型。利用得到的药效团模型，可以搜索化合物数据库，从而寻找骨架新颖的先导化合物分子。

三、 仪器设备

1. 软件平台

美国 Accelrys 公司研发的 Discovery Studio 软件。该软件是基于 Windows/Linux 系统和个人电脑，面向生命科学领域的新一代分子建模和模拟环境。实验所用版本为 Discovery Studio 3.5（简称 DS）。

2. 硬件平台

宝德科技高性能机架式运算服务器 PR2510N 集群，四核/E5606 CPU 两颗，实际内存容量 4G，硬盘容量 12TB。

3. 运算环境

采用“客户端-服务器”模式。个人电脑使用 Windows 系统，服务器使用 Linux 系统。

四、 实验步骤

HipHop 对于作为训练集的配体分子有以下要求：输入的分子结构具有多样性；化合物数目在 2～32 个，6 个左右比较理想；只选用具有活性的分子；需要包含 Principal 和 MaxOmitFeat 性质。其基本步骤如图 3-16-1 所示。

1. 准备训练集配体分子

本实验经过文献查询，首先选用金不换所含生物碱中具有明显抗药物依赖作用的化合物为训练集，并考虑训练集小分子的结构要具有多样性等条件，最终选择金不换原小檗碱型生物碱中的左旋四氢巴马汀、左旋千金藤啶碱，吗啡型生物碱中的青藤碱、青风藤碱以及双苄基异喹啉型生物碱中的小檗胺、千金藤素，共 6 个化合物作为训练集，构建金不换抗药物依赖有效成分的药效团模型。

其次，准备抗药物依赖有效成分作用靶标蛋白，即多巴胺 D2 受体的三维结构（本实验室已成功模建），然后应用 DS 软件基于 Ligandfit 的半柔性进行配体与受体之间的分子对接，确定 6 个训练集化合物的活性构象。

再次，将上述训练集分子的活性构象导入 DS 同一窗口中，展开 Small Molecules 工具栏，从 Tools 浏览器的下拉列表中选择 Align Small Molecules 工具面板下 Alignment

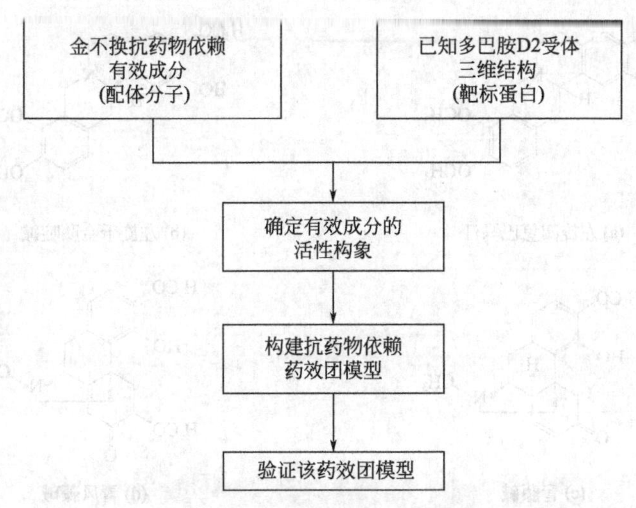

图 3-16-1 HipHop 方法构建药效团模型的基本步骤

工具组中的 Molecules Overlay 进行分子叠合，产生多构象，以便于观察其结构；然后展开 Small Molecules 工具栏，从 Tools 浏览器的下拉列表中选择 Minimize Ligands 工具面板下 Minimization 工具组中的 Full Minimization，进行能量最小化处理，此处理会对训练集配体分子加氢和赋予 CHARMm 力场。然后为训练集添加 Principal 和 MaxOmitFeat 这两个属性。由于左旋四氢巴马汀在抗药物依赖方面具有很强的活性，在临床上已有一定的应用，其在戒毒中治疗戒断症状显示出较好的疗效。因此将左旋四氢巴马汀的 Principal 设为 2，其余配体分子的 Principal 设为 1，6 个配体分子的 MaxOmitFeat 均设为 0。训练集配体分子结构图见图 3-16-2。

2. 确定训练集配体分子所包含的药效特征元素

展开 DS 3.5 Protocols Explorer 中的 Pharmacophore 模块，双击 Feature Mapping 程序，在参数设置栏中选择 HB _ ACCEPTOR（氢键受体）、HB _ DONOR（氢键供体）、HYDROPHOBIC（疏水中心）、POS _ IONIZABLE（正电荷中心）、NEG _ IONIZABLE（负电荷中心）和 RING _ AROMATIC（芳环中心）药效特征元素，点击运行。该操作可以识别出所有已显示化合物中所选特征元素所有可能的位置，能够使下一步药效团模型的构建更加准确。

3. 药效团模型的构建

展开 DS 3.5 Protocols Explorer 中的 Pharmacophore 模块，双击 Common Feature Pharmacophore Generation 程序，将训练集 6 个分子的 60 个构象作为输入的配体（Input Ligands），采用上一步所确定的 Acceptor 氢键受体、Donor 氢键给体、Hydrophobic 疏水中心、Ionizable Positive 正电荷中心和 Ring Aromatic 芳环中心作为药效特征元素（Features），点击运行，开始构建药效团模型，得出 10 个药效团模型。

4. 药效团模型的验证

药效团模型最终的确定是基于对训练集化合物同药效团关键化学特征间叠合情况的分

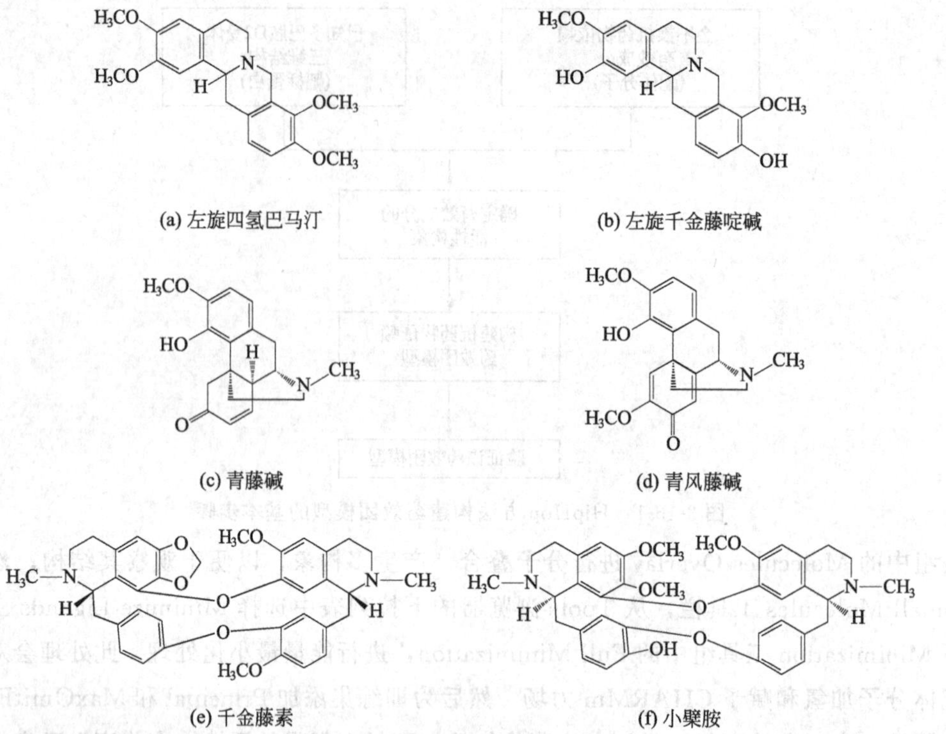

(a) 左旋四氢巴马汀　　(b) 左旋千金藤啶碱

(c) 青藤碱　　(d) 青风藤碱

(e) 千金藤素　　(f) 小檗胺

图 3-16-2　训练集配体分子结构

析，同时也可以采用测试集化合物来验证。

测试集化合物由两部分组成，即具有抗药物依赖作用的化合物和无抗药物依赖作用的化合物。将金不换中具有抗药物依赖作用的原小檗碱型生物碱中的有效成分，包括二氢巴马汀、紫堇单酚碱、药根碱等 18 个化合物与多巴胺 D2 受体分子对接后得到的活性构象作为已知的具有抗药物依赖作用的活性化合物，这 18 个化合物以其各自名称编号。另外选择 20 个同训练集 6 个配体分子结构类似但无抗药物依赖作用的化合物，编号为化合物 1～20，视这 20 个化合物为非活性化合物。将这两部分中共 38 个化合物放入 DS 的同一窗口中。

展开 DS 3.5 Protocols Explorer 中的 Pharmacophore 模块，点击 Ligand Profiler，流程对应参数在参数浏览器中打开。该流程可以将多个分子同多个药效团模型快速匹配。设置 Input Ligands 为上一步所构建的测试集化合物，点击 Input File Pharmacophores 右边按钮，打开 Specify Queries 对话框。点击 Add File Queries，找到之前运行 Common Feature Pharmacophore 构建流程所得到的 Output 文件，Shift 选取所有模型。展开 Conformation Generation 参数组，点击 Conformation Generation 右边的栅格，下拉列表中选择 BEST，构象上限数 Maximum Conformation 设为 200，能量阈值 Energy Threshold 设为 10，点击 Save Conformations 右边的栅格，下拉列表中选择 True。展开 Advanced，将 Maximum Omitted Features 参数设为－1，表示考虑所有药效团特征元素的子集。其余参数使用默认值，点击运行，结果即可确定药效团模型的正确性和可靠性。

五、 数据处理

1. 得到10个药效团模型，以及它们与训练集化合物的匹配情况。

2. 测试集化合物对药效团模型的验证，并作热图。

3. 对药效团模型与训练集化合物的匹配情况进行综合分析。

4. 分析热图，确定构建的药效团模型对活性化合物和非活性化合物的匹配情况，进而确定最佳药效团模型。

六、 提问思考

1. 选用训练集小分子构建药效团模型时，为什么要考虑训练集小分子的结构要具有多样性等条件，即结构差异越大越好？

2. 配体小分子的一般构象和活性构象有什么区别？获得活性构象的方法有哪些？

七、 注解

1. 本实验安排8学时完成。

2. Principal 和 MaxOmitFeat 是在药效团模型产生过程中十分重要的两个参数。Principal 用于确定化合物分子的权重，可以选择0、1、2三个值。若化合物分子的 Principal 值设为2，则表明该化合物分子活性相对很强，在药效团产生过程中会当作模板分子来进行重点考虑。如 Principal 值设为1，则表明该分子活性一般，在药效团产生过程中重要性也一般。如 Principal 值设为0，则在药效团模型产生过程中，该化合物不会被考虑在内。化合物的 MaxOmitFeat 参数主要用于药效团模型的过滤和验证，MaxOmitFeat 也可以设置为0、1、2三个值。化合物的 MaxOmitFeat 为0表示该化合物很重要，所产生的药效团模型每个特征都必须与该化合物匹配，否则该药效团则被认为是不正确的。化合物 MaxOmitFeat 为1表示该化合物重要性一般，所得到的药效团模型药效特征与该化合物部分匹配就行。若化合物的 MaxOmitFeat 设置为2，则该化合物不会在药效团模型的过滤和验证过程中被考虑。所以，应特别注意这两个参数值的选择。

第四章　附录

附录一　物理化学常数

常数名称	符号	数值	单位(SI)
真空光速	c	2.99792458×10^{8}	$m\cdot s^{-1}$
基本电荷	e	1.6021892×10^{-19}	C
阿伏伽德罗常数	N_A	6.022045×10^{23}	mol^{-1}
原子质量单位	u	1.6605655×10^{-27}	kg
电子静质量	m_e	9.109534×10^{-31}	kg
质子静质量	m_p	1.6726485×10^{-27}	kg
法拉第常数	F	9.648456×10^{4}	$C\cdot mol^{-1}$
普朗克常数	h	6.626176×10^{-34}	$J\cdot s$
气体常数	R	8.31441	$J\cdot mol^{-1}\cdot K^{-1}$
玻尔兹曼常数	k	1.380662×10^{-23}	$J\cdot K^{-1}$
重力加速度	g	9.80665	$m\cdot s^{-2}$

附录二　一些液体的折射率（25℃）

名称	n_D	名称	n_D	名称	n_D
甲醇	1.326	乙酸乙酯	1.370	甲苯	1.494
水	1.33250	正己烷	1.372	苯	1.498
乙醚	1.352	1-丁醇	1.397	苯乙烯	1.545
丙酮	1.357	氯仿	1.444	溴苯	1.557
乙醇	1.359	四氯化碳	1.459	苯胺	1.583
乙酸	1.370	乙苯	1.493	溴仿	1.587

注：资料参见：Robert C. Weast. Handbook of Chem. &Phys. 63th E-375（1982-1983）。

附录三 水的密度、折射率、黏度、介电常数、表面张力、饱和蒸气压

温度 t/℃	密度 ρ/g·mL^{-1}	折射率 n_D	黏度 $\eta 10^3$/kg·m^{-1}·s^{-1}	介电常数 ε	表面张力 σ/mN·m^{-1}	饱和蒸气压 p/kPa
0	0.99987	1.33395	1.7702	87.74	75.64	0.61129
3.985	1.0000					
5	0.99999	1.33388	1.5108	85.76	74.92	0.87260
10	0.99973	1.33369	1.3039	83.83	74.22	1.2281
15	0.99913	1.33339	1.1374	81.95	73.49	1.7056
16					73.34	1.8185
17					73.19	1.9380
18	0.99862				73.05	2.0644
19					72.90	2.1978
20	0.99823	1.33300	1.0019	80.10	72.75	2.3388
21		1.33290	0.9764	79.73	72.59	4.4877
22		1.33280	0.9532	79.38	72.44	2.6447
23		1.33271	0.9310	79.02	72.28	2.6447
24		1.33261	0.9100	78.65	72.13	2.9850
25	0.99707	1.33250	0.8903	78.30	71.97	3.1690
26		1.33240	0.8703	77.94	71.82	3.3629
27		1.33229	0.8512	77.60	71.66	3.5670
28		1.33217	0.8328	77.24	71.50	3.7818
29		1.33206	0.8145	76.90	71.35	4.0078
30	0.99567	1.33194	0.7973	76.55	71.18	4.2455
35	0.99406	1.33131	0.7190	74.83	70.38	5.6267
40	0.99224	1.33061	0.6526	73.15	69.56	7.3814
45	0.99025	1.32985	0.5972	71.51	68.74	9.5898
50	0.99807	1.32904	0.5468	69.91	67.91	12.344
55	0.98573	1.32817	0.5042	68.35		15.752
60	0.98324	1.32725	0.4669	66.82		19.932
65	0.98059		0.4341	65.32		25.022
70	0.99781		0.4050	63.86		31.176
75	0.97489		0.3792	62.43		38.563
80	0.97183		0.3560	61.03		47.374
85	0.96865		0.3352	59.66		57.815
90	0.96534		0.3165	58.32		70.117
95	0.96192		0.2995	57.01		84.529
100	0.95838		0.2840	55.72		101.32

注：密度、饱和蒸气压数据参见 Robert C. Weast. Handbook of Chem. &Phys. 73th，1992-1993。

折射率、黏度、介电常数数据参见 John A. Dean. Lange's Handbook of Chemistry. 13th edition，1985：10-99。

附录四　标准缓冲溶液不同温度下 pH

t/℃	溶液 1	溶液 2	t/℃	溶液 1	溶液 2
0	6.984	9.464	35	6.844	9.102
5	6.951	9.395	40	6.838	9.068
10	6.923	9.332	50	6.833	9.011
15	6.900	9.276	60	6.836	8.962
20	6.881	9.225	70	6.845	8.921
25	6.865	9.180	80	6.859	8.884
30	6.853	9.139	90	6.876	8.850

注：溶液 1 为 0.025mol·kg^{-1} Na_2HPO_4＋0.025mol·kg^{-1} KH_2PO_4；溶液 2 为 0.01mol·kg^{-1} $Na_2B_4O_7$。

附录五　不同温度下 KCl 水溶液的电导率 κ

t/℃	κ/S·cm^{-1}		
	0.01mol·L^{-1}	0.02mol·L^{-1}	0.10mol·L^{-1}
15	0.001147	0.002243	0.01048
16	0.001173	0.002294	0.01072
17	0.001199	0.002345	0.01095
18	0.001225	0.002397	0.01119
19	0.001251	0.002449	0.01143
20	0.001278	0.002501	0.01167
21	0.001305	0.002553	0.01191
22	0.001332	0.002606	0.01215
23	0.001359	0.002659	0.01239
24	0.001386	0.002712	0.01264
25	0.001413	0.002765	0.01288
26	0.001441	0.002819	0.01313
27	0.001468	0.002873	0.01337
28	0.001496	0.002927	0.01362
29	0.001524	0.002981	0.01387
30	0.001552	0.003036	0.01412

附录六　几种溶剂的凝固点降低常数

溶剂	K_f/K·kg·mol^{-1}	溶剂	K_f/K·kg·mol^{-1}
水	1.85	环己烷	20.0
乙酸	3.90	三溴甲烷	14.4
苯	5.12	酚	7.40

注：资料参见 John A. Dean. Lange's Handbook of Chemistry. 12th edition，1979。

附录七 无限稀释水溶液中离子摩尔电导率(298K)

离子	$\Lambda_m^\infty \times 10^4$ /$S \cdot m^2 \cdot mol^{-1}$	离子	$\Lambda_m^\infty \times 10^4$ /$S \cdot m^2 \cdot mol^{-1}$	离子	$\Lambda_m^\infty \times 10^4$ /$S \cdot m^2 \cdot mol^{-1}$
H^+	349.65	$\frac{1}{2}Ca^{2+}$	59.47	$\frac{1}{2}SO_4^{2-}$	80.0
K^+	73.48	$\frac{1}{3}La^{3+}$	69.7	$\frac{1}{2}C_2O_4^{2-}$	74.11
Na^+	50.08	OH^-	198	$\frac{1}{3}C_6H_5O_7^{3-}$	70.2
NH_4^+	73.5	Cl^-	76.31	$\frac{1}{4}[Fe(CN)_6]^{4-}$	110.4
Ag^+	61.9	NO_3^-	71.42		
$\frac{1}{2}Ba^{2+}$	63.6	$C_2H_2O_2^{2-}$	40.9		

注：资料参见 Robert C. Weast. Handbook of Chem. &Phys. 73th，1992-1993。

附录八 不同温度下水的表面张力 σ

t/℃	$\sigma \times 10^{-3}$/$N \cdot m^{-1}$	t/℃	$\sigma \times 10^{-3}$/$N \cdot m^{-1}$
0	75.64	21	72.59
5	74.92	22	72.44
10	74.22	23	72.28
11	74.07	24	72.13
12	73.93	25	71.97
13	73.78	26	71.82
14	73.64	27	71.66
15	73.49	28	71.50
16	73.34	29	71.35
17	73.19	30	71.18
18	73.05	35	70.38
19	72.90	40	69.56
20	72.75	45	68.74

附录九 最大气泡压力法的校正因子

最大气泡压力法测定表面张力的公式：

$$\sigma = a^2 g\rho/2 \tag{4-1}$$

$$a^2 = hb \tag{4-2}$$

式中，a 为毛细管常数；g 为重力加速度；ρ 为液相与气相密度之差；h 为U形压力计上的压差；b 为气泡底部的全曲率半径。

先令 b 等于毛细管的半径 r，由式（4-1-2）求得 a 的一级近似值 a_1，从下表查得与 r/a_1 相应的 r/b 值，得到 b 的一级近似值 b_1。再重复得出一系列的近似值 a_1、a_2、a_3、a_4、…、a_n。最后，根据测量精度要求，以 n 级近似值 a_n 由式（4-1-1）求算表面张力 σ。

表中的数据为 r/a 从0.00～1.48时的 r/b 值。

r/a	0.00	0.02	0.04	0.06	0.08
0.0	1.0000	0.9997	0.9990	0.9977	0.9958
0.1	0.9934	0.9905	0.9870	0.9831	0.9786
0.2	0.9737	0.9682	0.9623	0.9560	0.9492
0.3	0.9419	0.9344	0.9265	0.9182	0.9093
0.4	0.9000	0.8903	0.8802	0.8698	0.8592
0.5	0.8484	0.8374	0.8263	0.8151	0.8037
0.6	0.7920	0.7800	0.7678	0.7554	0.7432
0.8	0.6718	0.6603	0.6492	0.6385	0.6281
1.0	0.5703	0.5616	0.5531	0.5448	0.5368
1.2	0.4928	0.4862	0.4797	0.4733	0.4671
1.4	0.4333	0.4281	0.4231	0.4181	0.4133

附录十　一些有机化合物的折射率及温度系数

化合物		n_D^{15}	n_D^{20}	n_D^{25}	$10^5 \times \frac{dn}{dt}$
四氯化碳	CCl_4	1.4631	1.4603	1.459	−55
三溴甲烷	$CHBr_3$	1.6005			−57
三氯甲烷	$CHCl_3$	1.4486	1.4456		−59
二碘甲烷	CH_2I_2	1.7443			−64
甲醇	CH_4O	1.3306	1.3286	1.326	−40
乙醇	C_2H_6O	1.3633	1.3613	1.359	−40
丙酮	C_3H_6O	1.3616	1.3591	1.357	−49
正丁酸	$C_4H_8O_2$		1.3980	1.396	
溴苯	C_6H_5Br	1.5625	1.5601	1.557	−48
氯苯	C_6H_5Cl	1.5275	1.5246		−58
碘苯	C_6H_5I	1.6230			−55
苯	C_6H_6	1.5044	1.5011	1.498	−66
正丁酸乙酯	$C_6H_{12}O_2$		1.4000		
甲苯	C_7H_8	1.4999	1.4969	1.4941	−57
甲基环己烷	C_7H_{14}	1.4256	1.4231	1.421	−47
2,2,4-三甲基戊烷	C_8H_{18}		1.3915	1.389	
二硫化碳	CS_2	1.6319	1.6280		−78

附录十一 不同温度下水和乙醇的折射率

t/℃	纯水	99.8%乙醇	t/℃	纯水	99.8%乙醇
14	1.33348		34	1.33136	1.35474
15	1.33341		36	1.33107	1.35390
16	1.33333	1.36210	38	1.33079	1.35306
18	1.33317	1.36129	40	1.33051	1.35222
20	1.33299	1.36048	42	1.33023	1.35138
22	1.33281	1.35967	44	1.32992	1.35054
24	1.33262	1.35885	46	1.32959	1.34969
26	1.33241	1.35803	48	1.32927	1.34885
28	1.33219	1.35721	50	1.32894	1.34800
30	1.33192	1.35639	52	1.32860	1.34715
32	1.33164	1.35557	54	1.32827	1.34629

附录十二 不同温度下乙酸乙酯皂化反应速率常数文献值

t/℃	k/$L\cdot mol^{-1}\cdot min^{-1}$	t/℃	k/$L\cdot mol^{-1}\cdot min^{-1}$	t/℃	k/$L\cdot mol^{-1}\cdot min^{-1}$
15	3.3521	24	6.0293	33	10.5737
16	3.5828	25	6.4254	34	11.2382
17	3.8280	26	6.8454	35	11.9411
18	4.0887	27	7.2906	36	12.6843
19	4.3657	28	7.7624	37	13.4702
20	4.6599	29	8.2622	38	14.3007
21	4.9723	30	8.7916	39	15.1783
22	5.3039	31	9.3522	40	16.1055
23	5.6559	32	9.9457	41	17.0847

参考文献

[1] 宋清．定量分析中的误差和数据评价．北京：高等教育出版社，1984.

[2] 朱京，陈卫，金贤德，等．液体燃烧热和苯共振能的测定．化学通报．1984(3)：50.

[3] 南京桑力电子设备厂．SYP-Ⅲ玻璃恒温水浴使用说明书．

[4] 南京桑力电子设备厂．SWC-LG_D凝固点测定仪使用说明书．

[5] 南京桑力电子设备厂．SLGF-Ⅱ过氧化氢分解反应装置使用说明书．

[6] 南京桑力电子设备厂．ZHFY-Ⅰ型乙酸乙酯皂化反应测定装置使用说明书．

[7] 上海精密科学仪器有限公司．WYA-1S 数字阿贝折光仪使用说明书．

[8] 南京桑力电子设备厂．SDC 数字电位差综合测试仪使用说明书．

[9] 南京桑力电子设备厂．DP-AF 饱和蒸气压实验装置使用说明书．

[10] 南京桑力电子设备厂．DP-A 精密数字压力计使用说明书．

[11] 上海精密科学仪器有限公司．WXG-4 目视旋光仪使用说明书．

[12] 南京桑力电子设备厂．表面张力组合实验仪使用说明书．

[13] 傅献彩，沈文霞，姚天扬，等．物理化学．第5版．北京：高等教育出版社，2005.

[14] 孙尔康，徐维清，邱金恒．物理化学实验．南京：南京大学出版社，1998.

[15] 庄继华．物理化学实验．第3版．北京：高等教育出版社，2004.

[16] 郑传明，吕桂琴．物理化学实验．北京：北京理工大学出版社，2005.

[17] 夏海涛，等．物理化学实验．南京：南京大学出版社，2006.

[18] 罗澄源，等．物理化学实验．第2版．北京：高等教育出版社，1984.

[19] 庄继华，等．物理化学实验．第3版．北京：高等教育出版社，2006.

[20] National Research Council' s Committee on Hazardous Substances. Prudent Practices for Handling Hazardous Chemicals in Laboratories. Washington: National Academy Press, 1981.

[21] Registry of Toxic Effects of Chemical Substances. U S Department of Health, *Education and Welfare Punlication*. No 79-100. Washington：D C：U S Government Printing Office, 1979.

[22] Richard J Field, Endre Körös, Rochard M Noyes. J Am Chem Soc, 1972(94)：8649.

[23] Frisch M J, Trucks G W, etc. Gaussian 09, Revision A. 02, Gaussian, Inc., Wallingford CT, 2009.

[24] 陈敏伯，等．计算化学-从理论化学到分子模拟．北京：科学出版社，2009.

[25] 徐光宪，等．量子化学-基本原理和从头计算法．第2版．北京：科学出版社，2018.

[26] 曾育麟，等．滇人天衍-云南民族医药．昆明：云南教育出版社，2000.

[27] Zheng YANG, Yong-cong SHAO, Shi-jiang LI, et al. Medication of tetrahyropalmatine significantly ameliorates opiate craving and increases the abstinence rate in heroin users: a pilot study [J]. *Acta Pharmacol Sin*, 2008, 29 (7)：781-788.

[28] 杨征，李昌琪，范明．四氢原小檗碱对吗啡依赖大鼠脑内相关核团多巴胺 D1、D2 受体基因表达的影响．中

华精神科杂志，2004，37(2)：111-115

[29] 葛晓群，卞春甫．L-四氢巴马汀与氯丙嗪和东莨菪碱合用治疗吗啡戒断综合征的实验研究．中国药理学通报，2004，20(1)：15-18.

[30] 马养民．千金藤属植物化学成分研究．西北林学院学报，2004，19(3)：125-130.